U0284397

高 等 学 校 教 材

机械工程材料实验指导书

吴　晶　戈晓岚　纪嘉明　编
邵红红　傅明喜　审

化学工业出版社
教 材 出 版 中 心
·北京·

图书在版编目（CIP）数据

机械工程材料实验指导书/吴晶，戈晓岚，纪嘉明编．
北京：化学工业出版社，2005.12（2025.2重印）
高等学校教材
ISBN 978-7-5025-8038-4

Ⅰ．机…　Ⅱ．①吴…②戈…③纪…　Ⅲ．机械制
造材料-实验-高等学校-教学参考资料　Ⅳ．TH14-33

中国版本图书馆 CIP 数据核字（2005）第 150228 号

责任编辑：程树珍　陈　丽　　　　　　　　　　装帧设计：潘　峰
责任校对：吴桂苹

出版发行：化学工业出版社（北京市东城区青年湖南街 13 号　邮政编码 100011）
印　　装：涿州市殷润文化传播有限公司
787mm×1092mm　1/16　印张 6¾　字数 160 千字　2025 年 2 月北京第 1 版第 14 次印刷

购书咨询：010-64518888　　　　　　　　　　售后服务：010-64518899
网　　址：http://www.cip.com.cn
凡购买本书，如有缺损质量问题，本社销售中心负责调换。

定　　价：20.00 元

前　　言

实验教学是工科高等工程教育教学体系的重要组成部分，是增加学生感性认识、培养分析解决实际问题能力、强化工程素质、启迪创新思维和创造能力的重要环节。在科学技术迅猛发展的当今世界，工程材料学科的新理论、新技术、新工艺、新材料和新设备及其开发应用日新月异。

编写本书的目的，是让学生掌握工程材料分析和检测的基本理论、技能；熟悉工程材料制备、处理和加工原理及工艺过程与成分、组织、性能的对应关系；培养学生的创新意识及科学研究的基本方法，全面提高学生利用所学专业知识综合分析问题和解决问题的能力。

本书建立了基础技能素质训练、基础素质训练和综合素质训练三个实验教学平台。有大量的金相（光学和电子）组织照片，着重材料的成分、组织、性能的分析和对应关系。

本书在学生实践学习中和后继的毕业设计中起重要的指导作用。

本书第一部分中的一至三和第二部分由吴晶编写，第三部分的实验一由戈晓岚编写，第一部分的四至七和第三部分的实验二由纪嘉明编写。全书由邵红红、傅明喜审。

由于编写水平有限，书中不当之处，恳请同行和读者指正。

编者

2005 年 11 月 28 日

目　录

第一部分

工程材料实验基础知识

一、显微镜的基本构造及使用

（一）光学金相显微镜的构造及使用

科学事业的迅猛发展和人们不断深入的探索自然世界，上九天揽月，下五洋捉鳖已成现实。显微镜可将人们视觉延伸到肉眼无法看到的微观世界中去。因此，显微镜成为各个领域的科学工作者不可缺少的重要工具之一。用于医学、生物学的透射照明显微镜称为生物显微镜；对观察不透明物体的反射照明显微镜一般统称为金相显微镜。现代的金相显微镜已与计算机数字信息技术相结合，成为金相组织分析最基本、最重要和应用最广泛的研究方法之一。

利用光学金相显微镜来观察金属的内部组织与缺陷，将专门制备的金属试样在金相显微镜下放大 100～1000 倍来观察，研究其组织与缺陷的方法称为金属的显微分析方法。显微分析可以研究金属组织与其成分和性能之间的关系；确定各种金属经不同加工与热处理后的显微组织；鉴别金属材料质量的优劣，如各种非金属夹杂物在组织中的数量及分布情况，以及金属晶粒度大小等。

光学金相显微镜是利用光线的反射将不透明物件放大后进行观察的。在介绍金相显微镜的构造和应用之前，应对其原理有一个了解。

1. 光学金相显微镜的基本原理

光学金相显微镜由两组透镜及一些辅助光学零件组成，对着金相试样的透镜为物镜，对着人眼的透镜称为目镜。借助于物镜与目镜的两次放大，就能使物体的像放大到很高的倍数。现代光学金相显微镜的物镜和目镜都是由复杂的透镜系统所组成，放大倍数可提高到1600～2000 倍。其光学原理如图 1-1 所示。

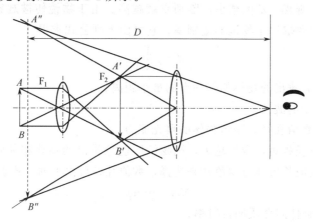

图 1-1　金相显微镜光学原理示意

1

当所观察的物体 AB 置于物镜焦点 F_1 外少许时，物体的反射光线穿过物镜经折射后，就得到一个放大了的倒立实像 $A'B'$，若 AB 处于目镜的前焦距以内，再经过目镜放大后，人眼在目镜上观察时，在 250mm 的明视距离处（正常人眼看物体时，最适宜的距离大约在 250mm 左右，这时人眼可以很好的区分物体的细微部分而不易疲劳，这个距离称为"明视距离"），看到一个经再次放大的虚像 $A''B''$。所以，观察到的物像是经物镜和目镜两次放大的结果。

2. 金相显微镜的放大倍数

显微镜经物镜放大后的像（$A'B'$）的放大倍数为

$$M_{物}=\frac{L}{f_1}$$

式中　L——微镜的镜筒长度（即物镜与目镜间的距离）；

　　　f_1——物镜焦距。

显微镜目镜倍数为

$$M_{目}=\frac{D}{f_2}$$

式中　D——明视距离；

　　　f_2——目镜焦距。

很显然，显微镜的总的放大倍数应为二者放大倍数的乘积，即

$$M_{总}=M_{物}\times M_{目}=\frac{250L}{f_1f_2}$$

显微镜中的主要放大倍数一般是通过物镜来保证，物镜的最高放大倍数可达 100 倍，目镜的放大倍数可达 25 倍。

放大倍数的符号用"×"表达，例如物镜的放大倍数为 25×，目镜的放大倍数为 10×，则显微镜的放大倍数为 25×10＝250×。放大倍数均分别标注在物镜与目镜的镜筒上。

在使用显微镜观察物体时，应根据其组织的粗细情况，选择适当的放大倍数。以细节部分观察清晰为准，不要盲目追求过高的放大倍数。因为放大倍数与透镜的焦距有关，放大倍数越大，焦距必须越小，结果会带来许多缺陷，同时所看到的物体区域也越小。

3. 金相显微镜的鉴别率

显微镜的鉴别率是显微镜最重要的特征，它是以显微镜在视场中能分辨出相邻两点间的最小距离 d 来表示。显然，d 值越小，鉴别率就越高。由于物镜使被观察物体第一次放大，故显微镜的鉴别率主要取决于物镜的鉴别率。它可由下列公式求得

$$d=\frac{\lambda}{2NA}$$

式中　d——物镜能分辨出的物体相邻两点的最小距离；

　　　λ——入射光线的波长；

　　　NA——物镜的数值孔径，表示物体的聚光能力。

由上式可知，波长越短，数值越大，则物镜所能分辨出的物体相邻间的最小距离越小，其鉴别越高。光线的波长可通过滤色片来选择，数值孔径可由下列公式求得

$$NA=\eta\sin\varphi$$

式中　η——物镜与物体间介质的折射率；

　　　φ——物镜孔径角的半角。

进入物镜的光线所张开的角度为物镜的孔径角，其半径角为 φ，如图1-2所示。

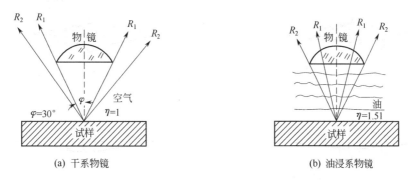

图1-2　物镜前透镜的孔径角

由上式可知，当 φ 值越大时，则数值孔径就越大，物镜的鉴别能力也就越高。由于 φ 总是小于90°，而一般物镜与物体间的介质是空气，光线在空气中的折射率 $\eta=1$，其数值孔径总量小于1，这类物镜被称为"干系物镜"。当物镜与物体之间充满柏油介质（$\eta=1.51$）时，其数值孔径最高可达1.4左右，这就是显微镜在高倍观察时使用的"油浸系物镜"（又称为油镜头）。

由此可见，物镜的数值孔径对鉴别率起到决定性作用的。如果数值孔径不足，此时尽量提高放大倍数也没有意义。因为相邻两点若不能很好的鉴别，即使放大倍数再高（即虚伪放大），实际上还是不能清楚区别两点。这是因为：人眼在250mm处的鉴别率为0.15～0.30mm，要使物镜可分辨的最近两点的距离 d 能为人眼所分辨，则必须将 d 放大到0.15～0.30mm，即

$$dM=0.15～0.30mm$$

因

$$d=\frac{\lambda}{2NA}$$

则

$$M=\frac{1}{\lambda}(0.3～0.6)NA$$

若取 $\lambda=0.55\mu m=0.00055mm$，则有

$$M\approx(500～1000)NA$$

所以显微镜的放大倍数 M 与 NA 之间存在一定的关系。该 M 称为有效放大倍数，是选择物镜和目镜的基础。物镜的数值孔径与其放大倍数一起刻在镜头的外壳上，例如镜头上25/0.50或65×的下面刻有0.75等数字，这个0.50或0.75即表示物镜的数值孔径（NA）。高倍物镜通常都为油浸系，油镜头的标记有"油"（或Oil）或外壳涂一黑圈来表示。

4. 透镜成像的质量

单片透镜在成像过程中，由于几何光学条件的限制，以及其他因素的影响，常使映像变得模糊不清或发生变形现象，这种缺陷称为像差，像差主要包括球面像差、色像差。

球面像差的产生是由于透镜的表面呈球曲形，通过透镜中心及边缘的光线折射后不能交于一点［如图1-3（a）所示］，而变成几个交点呈前后分布；来自透镜边缘的光线靠近透镜交集，而靠近透镜中心的光线则交集在较远的位置，这样得到的映像显然是不清晰的。球面像差的程度与光通过透镜的面积有关。光圈放得越大，则光线通过透镜的面积越大，球面像差就越严重；反之，缩小光圈，限制边缘光线射入，使通过透镜的光线只有中心的一部分，则可减小球面像差。但是光圈太小，也会影响成像的清晰度。

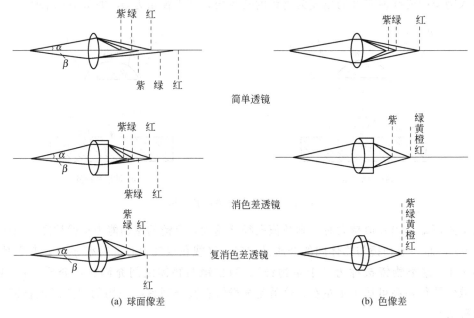

图 1-3　透镜产生像差的示意

校正透镜球面差的方法，一是采用多片透镜组成透镜组，即将凸透镜和凹透镜组合在一起（称为复合透镜），由于这两种透镜有着性质相反的球面差。因此可以相互抵消。二是在使用显微镜时也可采用调节孔径光栏，适当控制入射光光束粗细，减少透镜表面面积等方法，把球面像差降低到最低程度。

色像差的产生是由于组成的白色光线是由 7 种单色光组成，且光线的波长不同，在穿过透镜时折射率不同。使光线折射后不能交于一点。紫光折射最强，红光折射最弱，结果使成像模糊不清，此种现象称为色像差。见图 1-3（b）。

消除色像差的方法，一是制造物镜时进行校正。根据校正的程度，物镜可分为消色差物镜和复色差物镜。消色差物镜和普通目镜配合，用于低倍和中倍观察；复色差物镜和补偿目镜配合，用于高倍观察。二是使用滤色片得到单色光。常用的滤色片有蓝色、绿色或红色。

显微镜的放大作用主要取决于物镜，物镜质量的好坏直接影响显微镜映像的质量，所以对物镜的校正是很重要的。物镜的类型，根据对透镜球面像差和色像差的校正程度不同而分为消色差物镜、复消色差物镜和半复消色差物镜等。

目镜也是显微镜的主要组成部分，它的主要作用是将由物镜放大所得的实像再度放大，因此它的质量将最后影响到物像的质量，按照目镜的构造型式，一般可分为普通目镜、补偿目镜和测微目镜等。普通目镜其映像未被校正，应与消色差物镜配合使用。补偿目镜须与复消色差物镜或半复消色差物镜配合使用，以抵消这些物镜的残余色像差。

5. 光学金相显微镜的构造

光学金相显微镜的种类很多，按其外形可分为台式、立式和卧式三大类。显微镜的构造通常由光学系统、照明系统和机械系统三大部分组成。有的显微镜带有摄影装置，现以国产 4X 型金相显微镜为例进行说明。

4X 型金相显微镜的光学系统如图 1-4 所示。由灯泡 1 发出的光线经聚光镜组（一）2 及反光镜 8 聚集到孔径光栏 9 上，然后经过聚光镜组（二）3，再度将光线聚集在物镜的后集

4

面上，最后通过物镜平行照射到试样 7 表面。从试样反射回来的光线复经物镜组 6 和辅助透镜 5，由半反射镜 4 转向，经过棱镜 12 及棱镜 13、场镜 14 造成一个被观察物体的倒立放大实像，该像再经过目镜 15 的放大，即可得到所观察的试样表面的放大图像。

4X 型金相显微镜的外形结构如图 1-5 所示。现分析各部件的功能与作用。

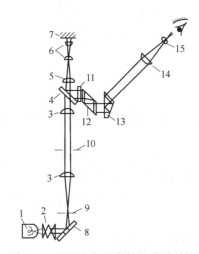
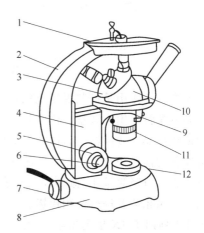

图 1-4　4X 型金相显微镜的光学系统

1—灯泡；2—聚光镜组（一）；3—聚光镜组（二）；
4—半反射镜；5—补助透镜；6—物镜组；7—试样；
8—反光镜；9—孔径光栏；10—视场光栏；
11—补助透镜（二）；12，13—棱镜
14—场镜；15—目镜

图 1-5　4X 型金相显微镜的外形结构

1—载物台；2—镜臂；3—物镜转换器；4—微动座；
5—粗动调焦手轮；6—微动调焦手轮；
7—照明装置；8—底座；9—平台托架；
10—碗头组；11—视场光栏；
12—孔径光栏

照明系统：在底座内部装有一低压（6V、15V、20V）灯泡作为光源，由变压器降压供电，靠调节次级电压（6～8V）来改变灯光亮度，聚光镜、孔径光栏 12 及反光镜等装置均安装在圆形底座上，视场光栏 11 及另一聚光镜则安装在支架上，它组成显微镜的照明系统，使试样表面获得充分、均匀的照明。

显微镜调焦装置：在显微镜的两侧有粗动和微动调焦旋钮，两者在同一部位。随着粗动调焦手轮 5 转动，通过内部齿轮传动，使支承载物台的弯臂做上下运动。在粗动调焦旋钮的一侧有制动装置，用以固定调焦正确后载物台的位置。微动调焦手轮 6 转动内部一组齿轮，使其沿着滑轨缓慢移动。在右侧旋钮上刻有分度格，每一格表示物镜座上下微动 0.002mm。与刻度同侧的齿轮箱上刻有两条白线，用以指示微动升降的极限范围，微调时不能超出这一范围，否则将会损坏机件。

载物台（样品台）：用于放置金相试样。载物台和下面托盘之间有导架，在手的推动下，可使载物台在水平面上作一定范围的移动，以改变试样的观察部位。

孔径光栏和视场光栏：在目镜的镜筒中抽出目镜，可直接用肉眼观察到物镜的孔径光栏（圆形通光孔），旋转孔径光栏的滚花圈，使光栏缩小，直至目视能观察到多边形的可变孔径光栏，使可变孔径光栏小于物镜的孔径光栏，如图 1-6。

图 1-6（a）为不正确的调节，可变孔径光栏太小，影响仪器的分辨率；图 1-6（b）为正确的调节，可变孔径光直径约为物镜孔径光直径的 3/4 左右。此时，较好且仪器的分辨能力较高；图 1-6（c）为不正确的调节，可变孔径光栏过大，使成像的对比度急剧下降，仪器

的实际分辨能力也随之迅速下降。

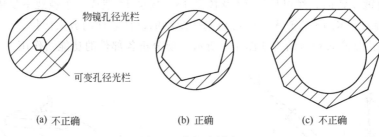

物镜孔径光栏

可变孔径光栏

(a) 不正确　　　　　　(b) 正确　　　　　　(c) 不正确

图 1-6　孔径光栏演示

视场光栏的作用是控制视场范围，使目镜中视场明亮而无阴影。在刻有直纹的套圈上还有两个调节螺钉，用来调整光栏中心。

物镜转换器：转换器呈球面形，上面有三个螺孔。可安装不同放大倍数的物镜，旋动转换器可使各物镜镜头进入光路，与不同的目镜搭配使用，可获得各种放大倍数。

目镜筒：目镜筒呈 45°倾斜安装在有棱镜的半球形的座上，还可将目镜转向 90°呈水平状态以配合照相装置进行金相摄影。

表 1-1 列出了 4X 型金相显微镜的物镜和目镜不同配合情况下的放大倍数。

表 1-1　　4X 型金相显微镜的物镜和目镜不同配合情况下的放大倍数

光　学　系　统	目镜 放大倍数 物镜	5×	10×	15×
干燥系统	8×	40×	80×	120×
干燥系统	45×	225×	450×	675×
油浸系统	100×	500×	1000×	1500×

6. 金相显微镜的使用方法及注意事项

金相显微镜是一种精密的光学仪器，必须细心谨慎使用，初次操作显微镜之前，应首先熟悉其构造特点及主要部件的相互位置和作用，然后按照显微镜的使用规程进行操作。

使用 4X 型金相显微镜时，应按下列步骤进行。

ⅰ. 根据放大倍数选用所需物镜和目镜。分别安装在物镜座和目镜筒内，并使转换器转至固定位置（由定位器定位）。

ⅱ. 转动载物台，使物镜位于载物台中心孔的中央，然后把金相试样的观察面朝下倒置在载物台上。

ⅲ. 将显微镜的光源插头在变压器上，通过低压（6～8V）变压器接通电源。

ⅳ. 转动粗调旋钮先使载荷台下降，使物镜尽可能接近试样表面（但不得与试样相碰），然后向相反方向转动粗调旋钮，使载物台慢慢上升以调节焦距，当视场亮度增强时，再改变微调旋钮进行调节，直到物像调整到最清晰程度为止。

ⅴ. 适当调节孔径光栏和视场光栏，以获得最佳质量的物像。

ⅵ. 如果使用金相油浸物镜，则可在物镜的前透镜上滴一点松柏油，也可以将松柏油直接滴在试样上。油镜头用过后应立即用棉花蘸取二甲苯溶液擦干净，再用镜头纸擦干。

在使用金相显微镜时，一般应注意以下事项。

ⅰ. 金相试样要干净，不得残留有酒精和侵蚀剂，以免腐蚀显微镜的镜头，更不能用手指接触镜头，若镜头落有灰尘时，可用镜头纸擦拭。

ii．照明灯泡（6～8V）插头，切勿直接插入在220V的电源插座上，否则灯泡会立即烧坏，观察结束后，要及时关闭电源。

iii．操作时必须特别细心，不得有粗暴和剧烈的动作，光学系统不允许自行拆卸。

iv．在更换物镜或调焦时，要谨防物镜受碰撞而损坏。

v．在旋钮粗调（或微调）旋钮时，动作要慢，碰到某种阻碍时应立即报告，弄清原因，不得用力强行转动，否则会损坏机件。

（二）电子显微镜

显微镜的分辨本领是指成像物体（试样）上能分辨出来的两点之间的最小距离。光学显微镜的分辨本领为

$$d = \frac{\lambda}{2NA}$$

式中　λ——照明光源的波长。

上式表明：光学显微镜的分辨本领取决于照明光源的波长。在可见光波长范围，光学显微镜分辨本领的极限为200nm。由此可知，要提高显微镜的分辨本领，关键是既要有波长短，又能聚焦成像的照明光源，这样只有采用短波长的光源。1924年德布罗意（De Brolie）发现电子波的波长比可见光短十万倍。又过了两年，布施（Du scb）指出轴对称非均匀磁场能使电子波聚焦。为一种新的显微镜——电子显微镜的诞生奠定了理论基础。1933年鲁斯卡（Ruska）等设计并制造了世界上第一台透射电子显微镜。

电子显微镜可分为透射式、扫描式、反射式和发射式四种。下面主要介绍扫描电子显微镜的原理和使用范围。

1. 透射电子显微镜

（1）透射电子显微镜的成像原理

透射电子显微镜是一种具有高分辨率、高放大倍数的电子光学仪器，被广泛应用于材料科学等研究领域。透射电镜以波长极短的电子束作为光源，电子束经由聚光镜系统的电磁透镜将其聚焦成一束近似平行的光线穿透样品。再经成像系统的电磁透镜成像和放大，然后电子束投射到镜筒最下方的荧光屏上而形成所观察的图像。透射电子显微镜的加速电压为80～3000kV；分辨率中的点分辨率为0.2～0.35nm，线分辨率为0.1～0.2nm；最高放大倍数达（30～100）万倍。在材料科学研究领域，透射电子显微镜主要可用于材料微区的组织形貌观察、晶体缺陷分析和晶体结构测定。

（2）透射电子显微镜的结构

透射电子显微镜由电子光学系统、真空系统和电子系统三部分组成。电子光学系统通常称镜筒，是透射电子显微镜的核心，它的光路原理与透射光学显微镜十分相似，如图1-7所示。它分为三部分，即照明系统、成像系统和观察记录系统。

① 照明系统　由电子枪、聚光镜和相应的平移对中、倾斜调节装置组成。电子枪是透射电子显微镜的电子源，其作用是提

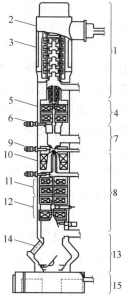

图1-7　透射电子显微镜结构

1—电子枪；2—灯丝；3—加速管；
4—照明透镜系统；5—聚光镜；
6—聚光镜光栏；7—样品室；
8—成像透镜系统；9—物镜光栏；
10—物镜；11—中间镜；
12—投影镜；13—观察室；
14—观察窗；15—照相室

供一束亮度高、照明孔径角小、平行度好、束流稳定的照明光源，聚光镜用电子枪射出的电子束来会聚在样品的表面上。

② 成像系统 主要是由物镜、中间镜和投影镜组成。

物镜是用来形成第一幅高分辨率电子显微图像或电子衍射花样的透镜。透射电子显微镜分辨本领的高低主要取决于物镜。必须尽可能获得物镜的高分辨本领，降低像差。通常采用强激磁、短焦距的物镜，并在物镜的后焦面上安放一个物镜光栏。物镜光栏不仅具有减小球差、像散和色差的作用，而且可以提高图像的衬度。像差小，分辨高。在用电子显微镜进行图像分析时，物镜和样品之间的距离总是固定不变的（即物距不变）。因此改变物镜放大倍数进行成像时，主要是改变物镜的焦距和像距来满足成像条件。

中间镜是一个弱激磁的长焦距变倍透镜，可在 $0\sim20$ 倍范围调节。当放大倍数大于 1 时用来进一步放大物镜像；当放大倍数小于 1 时，用来缩小物镜像。在电镜操作过程中，主要是利用中间镜的可变倍率来控制电镜的总放大倍数。如果物镜的放大倍数 $M=100$，投影镜的放大倍数 $M=100$，则中间镜放大倍数 $M=20$ 时，总放大倍数 $M=100\times20\times100=200000$ 倍。若 $M=1$，则总放大倍数为 10000 倍。如果 $M=1/10$，则放大倍数仅为 1000 倍。如果把中间镜的物平面和物镜的像平面重合，则在荧光屏上得到一幅放大像，这就是电子显微镜中的成像操作。

投影镜作用是把经中间镜放大（或缩小）的像（或电子衍射花样）进一步放大，并投影到荧光屏上，它和物镜一样，是一个短焦距的强磁透镜。投影镜的激磁电流是固定的。因为成像电子束进入投影镜时孔径角很小，因此它的景深和焦长都非常大。即使改变中间镜的放大倍数，使显微镜的总放大倍数有很大的变化，也不会影响图像的清晰度。

③ 观察和记录系统 包括荧光屏和照相机构。在荧光屏下面放置一个可以自动换片的照相暗盒。因为人眼不能直接看到电子射线，所以必须利用电子在荧光屏上激发出可见光成像来进行观察。若需要记录图像，可移开荧光屏，使置于荧光屏下的照相底片曝光成像，再经冲洗，即可得到一幅所需的照片，以便永久保存。若和电子计算机连接，通过模数转换器将图像进行数字化处理并将图形数据输入到计算机中，然后用图像处理和数字化分析软件对采集到的图像进行分析，图像处理主要进行数据计算、绘制图表等；数字化分析主要根据计算数据进行统计、分析并输出金属材料的组织参数与性能对照表。最后可用电子计算机的输出系统输出图片。

为保证电镜正常工作，要求电子光学系统应处于真空状态下。电镜的真空度一般应保持在 $10\sim5$Pa，这需要机械泵和油扩散泵两级串联才能得到保证。目前的透射电镜增加一个离子泵以提高真空度，真空度可高达 133.322×10^{-8}Pa 或更高。如果电镜的真空度达不到要求会出现以下问题：

ⅰ. 电子与空气分子碰撞改变运动轨迹，影响成像质量；

ⅱ. 栅极与阳极间空气分子电离，导致极间放电；

ⅲ. 阴极炽热的灯丝迅速氧化烧损、缩短使用寿命甚至无法正常工作；

ⅳ. 试样易于氧化污染，产生假象。

电子显微镜的电子系统主要有高压发生器及电子枪灯丝加热电源、稳压电路和安全自控电路及计算机控制电路部分组成。

（3）透射电子显微镜的样品制备

由于试样对电子束的强烈散射作用，使电子束的穿透能力比较低。用于透射电子显微镜的分析样品非常薄，一般在 5～500nm 之间。要制成这样薄的样品，必须通过一些特殊的方法，目前主要常用的样品制备方法如下。

① 间接样品　一级复型、二级复型和萃取复型。

② 半间接样品　萃取复型。

③ 直接样品　金属薄膜。

2. 扫描电子显微镜

（1）扫描电子显微镜的成像原理

扫描电子显微镜的成像原理和透射电子显微镜完全不同。它不用电磁透镜放大成像，而是以类似电视摄影显像的方式，利用细聚焦电子束在样品表面扫描时激发出来的各种物理信号（如二次电子、俄歇电子、背射电子、吸收电子、标识 X 射线及透射电子等），这些信号经检测器接收、放大并转换成调制成像的。最后在荧光屏上显示反映样品表面各种特征的图像。新式扫描电子显微镜的二次电子像的分辨率已达到 3～4nm，放大倍数可从数倍原位放大到 20 万倍左右，且在一定范围内（几十倍到几十万倍）可以实现连续调整。扫描电镜所需的加速电压比透射电镜要低得多，一般约在 1～30kV，最常用的加速电压约在 20kV 左右。

由于扫描电子显微镜的景深远比光学显微镜大，图像立体感强，放大倍数范围大、连续可调、分辨率高、样品室空间大且样品制备简单等特点，可以用它进行显微断口分析。用扫描电子显微镜观察断口时，样品不必复制，可直接进行观察，这给分析带来极大的方便。因此，目前显微断口的分析工作大都是用扫描电子显微镜来完成的。由于电子枪的效率不断提高，使扫描电子显微镜的样品室附近的空间增大，可以装入更多的探测器。因此，目前的扫描电子显微镜不只是分析形貌像，它可以和其他分析仪器相组合，使人们能在同一台仪器上进行形貌、微区成分和晶体结构等多种微观组织结构信息的同位分析。

（2）扫描电子显微镜的结构

扫描电子显微镜的基本结构可分为三大部分，即电子光学系统、信号收集处理和图像显示及记录系统、真空系统（图 1-8）。

① 电子光学系统　包括电子枪、电磁透镜、扫描线圈和样品室。

扫描电子显微镜中的电子枪与透射电子显微镜的电子枪相似，只是加速电压比透射电子显微镜低。

扫描电子显微镜中各电磁透镜都不作成像透镜用，而是作聚光镜用，它们的功能是把电子枪的束斑（虚光源）逐级聚焦缩小，这样必须用几个透镜来完成。扫描电子显微镜一般都有三个聚光镜，前两个聚光镜是强磁透镜，把电子束光斑缩小；第三个透镜是弱磁

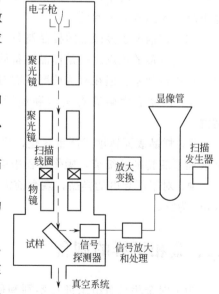

图 1-8　扫描电子显微镜结构原理方框图

透镜，具有较长的焦距，这个透镜称为物镜，目的在于使样品室和透镜之间留有一定的空间，以便装入各种信号探测器。扫描电子显微镜中照射到样品上的电子束直径越小，就相当于成像单元的尺寸越小，相应的分辨率就越高。

扫锚线圈的作用是使电子束偏转，并在样品表面作有规则的扫动，电子束在样品上的扫描动作和显像管上的扫描动作保持严格同步，因为它们是受同一扫描发生器控制的。在电子束偏转的同时还带有一个逐行扫描动作，电子束在上下偏转线圈的作用下，在样品表面扫描出方形区域，相应地在样品上也画出一帧比例图像。样品上各点受到电子束轰击时发出的信号可由信号探测器接收，并通过显示系统在显像管荧光屏上按强度描绘出来。

样品室内除放置样品外，还安置信号探测器。各种不同信号的收集和相应检测器的安放位置将直接影响信号的接收，从而影响分析精度。

样品台本身是一个复杂而精密的组件。它应既能夹持一定尺寸的样品，又要能使样品作平移、倾斜和转动等运动，以便于对样品上每一特定位置进行各种分析。它还可以带有多种附件，可使样品在样品台上加热、冷却和进行力学性能试验（如拉伸和疲劳）。

② 信号收集处理和图像显示及记录系统　二次电子、背散射电子和透射电子的信号都可采用闪烁计数器来进行检测。信号电子进入闪烁体后即引起电离，当离子和自由电子复合后就产生可见光。可见光信号通过光导管送入光电倍增器，光信号放大，即又转化成电流信号输出，电流信号经视频放大器放大后就成为调制信号。如前所述，由于镜筒中的电子束和显像管中电子束是同步扫描的，而荧光屏上每一点的亮度是根据样品上被激发出来的信号强度来调制的，因此样品上各点的状态各不相同，所以接收到的信号也不相同，于是就可以在显像管上看到一幅反映试样各点状态的扫描电子显微图像。

③ 真空系统　为保证扫描电子显微镜电子光学系统的正常工作，对镜筒内的真空度有一定的要求。一般情况下，如果真空系统能提供 $1.33 \times 10^{-2} \sim 1.33 \times 10^{-3}$ Pa（$10^{-4} \sim 10^{-5}$ mmHg）的真空度时，就可防止样品的污染。如果真空度不足，除样品被严重污染外，还会出现灯丝寿命下降，极间放电等问题。

（3）扫描电子显微镜的样品制备

扫描电镜的优点之一是样品制备简单，对于新鲜的金属断口样品不需要做任何处理，可以直接进行观察。但在有些情况下需对样品进行必要的处理。

ⅰ. 样品表面附着有灰尘和油污，可用有机溶剂（乙醇或丙酮）在超声波清洗器中清洗。

ⅱ. 样品表面锈蚀或严重氧化，采用化学清洗或电解的方法处理。清洗时可能会失去一些表面形貌特征的细节，操作过程中应该注意。

ⅲ. 对于不导电的样品，观察前需在表面喷镀一层导电金属或碳，镀膜厚度控制在 5～10nm 为宜。

二、金相试样的制备

为了对金相显微组织进行鉴别和研究，需要将所分析的金属材料制备成一定尺寸的试样，并经磨制抛光与腐蚀等工序，最后通过金相显微镜来观察与分析金属的显微组织状态及其分布情况。

金相样品制备的质量，直接影响到组织分析的结果。如果样品制备不符合特定的要求，就有可能由于出现假象而得出错误的判断，使整个分析得不到正确的结论。因此，为了得到合乎要求的金相试样，需要经过一系列严格操作的制备过程。

（一）取样

取样是进行金相显微分析中很重要的一步，要根据被检验和分析金属材料或零件的特点、加工工艺、失效形式及不同的研究目的进行选择，取其具有代表性的部位。

1. 取样部位及检验面的选择

取样部位及检验面的选择应具有最好或较好的代表性。例如：在检验和分析失效零件损坏原因时，除了在损坏部位取样外，还需要在距破坏处较远的部位截取试样，以便分析比较；在研究金属铸件组织时，由于偏析现象的存在，必须从表面到中心，同时取样进行观察；对于轧制和锻造材料则应同时截取横向（垂直于轧制方向）及纵向（平行于轧制方向）的金相试样，以便于分析比较表层缺陷及非金属夹杂物的分布情况；对于一般经热处理后的零件，由于金相组织比较均匀，试样截取可在任一截面进行；对于焊接结构，通常应在焊接接头处截取包含熔合区及过热区的试样。

2. 取样的方法

截取试样时首先要保证检验部位的金相组织不发生变化。试样的截取方法视材料的性质不同而异，软材料可用手锯或锯床等方法截取，硬材料可用带冷却水的砂轮切割机或线切割机机床截取，硬而脆的材料（如白口铁）可用锤击取样。

3. 试样的尺寸

试样的大小视具体情况而定，一般以便于握持，易于磨制为准。通常方形试样边长为12～15mm，圆形试样为 $\phi12\times15$ （图 1-9）。对尺寸过小，形状不规则的试样如薄片、细丝、细管等不易握持磨制的则要求进行镶样。

4. 镶嵌

镶样多采用热压镶样法和机械镶样法（图 1-10）。热压镶样法是将试样放在电木粉或塑料粒中加热到 110～156℃，在镶样机上进行热压形成。由于热压镶嵌需要一定的温度和压力，不适合于低温发生组织转变（如淬火马氏体）的材料和较易产生塑性变形的低熔点金属材料。

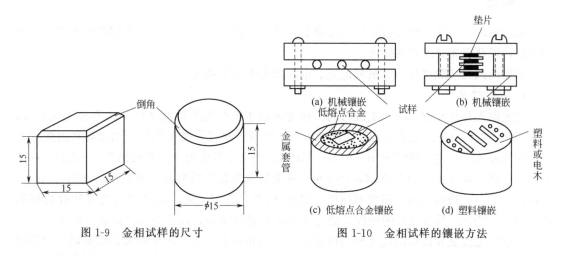

图 1-9　金相试样的尺寸　　　　图 1-10　金相试样的镶嵌方法

机械镶样法即设计专门的夹具夹持试样，以避免热压镶嵌的不足。

（二）磨样

试样磨制分为粗磨和细磨。磨制方法有手工磨样和机械磨样。

1. 手工磨样

粗磨一般在砂轮机上进行，手工磨样时用砂轮侧面，以保证试样磨平，并不断用水冷却，避免温度升高造成试样内部组织发生变化。试样边缘的棱角若无保留必要，可进行倒角，以免在细磨及抛光时撕破抛光布，甚至造成试样从抛光机上飞出伤人。

细磨，经粗磨后试样表面虽较平整，但仍存在有较深的磨痕（如图 1-11 所示）。细磨的目的就是为了消除这些磨痕，以得到平整面光滑的磨面，为下一步的抛光做好准备。

细磨时用手握持试样，并使磨面朝下，均匀用力向前推行。在回程时，应提起试样不与砂纸接触，以保证磨面平整而不产生弧度。金相砂纸按粗细分为 180 目、280 目、320 目、400（01）目、500（02）目、600（03）目、800（04）目。并不

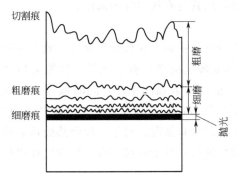

图 1-11 试样磨面上磨痕变化示意

是所有的试样都需要从粗到细磨一遍，砂纸的选择可视钢料的软硬情况而定。对于一般碳钢样品选用从 180～800 目砂纸。每更换一号砂纸时，应先将试样清洗干净，以免把粗砂粒带到下一级砂纸上去，再将试样的磨制方向调转 90°，即磨制方向与上一道磨痕方向垂直，以便观察上一道磨痕是否全部消除。

2. 机械磨样

为了加快磨制速度，除手工磨制外，还以将不同型号的水砂纸贴在带有旋转圆盘的预磨机上，实现机械磨制。水砂纸按粗细有 180 目、200 目、300 目、400 目、500 目、600 目、700 目、800 目、900 目等。用水砂纸盘磨样时，应不断加水冷却。同样，每换一道砂纸时，要用水冲洗干净，也要调换 90°方向。

（三）抛光

细磨后的试样还需要进行最后一道磨制工序——抛光，其目的是去除细磨时遗留下来的细磨痕，以获得光亮无痕的镜面。

试样的抛光一般可分为：机械抛光、电解抛光和化学抛光。

1. 机械抛光

机械抛光是在专用抛光机上进行的。抛光机的主要结构是由电动机和水平抛光盘组成，转速 300～500r/min。抛光盘上辅助以细帆布、呢绒、丝绒等抛光织物。抛光时在抛光盘上不断滴注抛光液，抛光通常采用 Al_2O_3、MgO 或 Cr_2O_3 等细粉末（粒度约 0.3～1μm）在水中的悬浮液（每升水中加入 Al_2O_3 5～10g）或采用极细钻石粉制成的膏状抛光剂等。Al_2O_3 又称刚玉，白色透明，用于粗抛和精抛。MgO 白色，适用于铝、镁及其合金等软性材料的最后精抛。Cr_2O_3 具有很高的硬度，适合于淬火后的合金钢，高速钢以及钛合金的抛光。

机械抛光就是靠极细的抛光粉与磨面间产生的相对磨削和滚压作用来消除磨痕。操作时将试样磨面均匀地压在旋转的抛光盘上（可先轻后重）并沿盘的边缘到中心不断做径向往复移动，抛光时间一般约 3～5min，最后抛光后，试样表面应看不出任何磨痕而呈光亮的镜面。需要指出的是抛光时间不宜过长，压力也不可过大，否则将会产生扰乱层而导致组织分析得出错误的结论。

抛光结束后，用水冲洗试样并用棉花擦干或吹风机吹干，若只需要观察金属中的各种夹杂物或铸铁中的石墨形状时，则可将试样直接置于金相显微镜下观察。

2. 电解抛光

电解抛光可避免机械抛光时表面层金属的变形或流动，从而能真实地显示金相组织。该法尤其适用于有色金属及其他硬度低、塑性大的金属，如 Al 合金、高 Mn 钢、不锈钢等。但不适于化学成分不均匀，偏析严重的金属、铸件及金属基体的非金属夹杂物检验的金相试样。用塑料镶嵌样品的试样不适合于采用此法。电解抛光装置如图 1-12 所示。

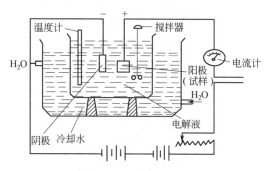

图 1-12　电解抛光装置示意

电解抛光时，把磨光的试样浸入电解液中，接通试样（阳极）与阴极之间的电源（直流电源）。阴极可采用不锈钢板或铅板，并与试样抛光面保持一定距离（约 300mm）。当电流密度足够大时，试样磨面即产生选择性溶解，靠近阳极的电解液在试样表面形成一层厚度不均的薄膜。由于薄膜本身具有较大电阻，并与其厚度成正比，如果试样表面高低不平，则突出部分的薄膜要比凹陷部分的薄膜薄些，因此突出部分电流密度较大，溶解较快，试样最后形成平整光滑表面。

钢铁材料常用的电解液成分为：过氯酸（70%）50ml，含 3% 乙醚酒精 800ml，水150ml。其他电解液成分可在有关手册上查阅。

电解抛光时的参考技术参数为：电流密度 $3\sim60A/cm^2$，电压 $30\sim50V$，使用温度 $20\sim30℃$，抛光时间 $30\sim60s$。

3. 化学抛光

化学抛光是将化学试剂涂在经过粗磨的试样上，经过数秒至几分钟，依靠化学腐蚀主作用使表面发生选择性溶解，从而得到光滑平整的表面，其实质与电解抛光相类似。该法不需要专用抛光设备，操作简便，缺点是夹杂物易被蚀掉，且抛光面平整度较差，只能用于低倍常规检验。抛光时将试样浸在抛光液中，或用棉花蘸取抛光液，来回擦洗试样磨面。由于化学抛光兼有化学侵蚀作用，能显示金相组织，所以抛光后可直接在显微镜下观察。

（四）侵蚀

经抛光后的试样磨面，如果直接在金相显微镜下观察时，所能看到的只是一片光亮，除某些夹杂物或石墨外，无法辨别出各种组织的组成物及其形态特征。因此，必须使用侵蚀剂对试样表面所引起的化学溶解作用或电化学作用（即微电池原理）来显示金属的组织（如图1-13 所示）。它们的侵蚀方法则取决于组织中组成相的性质和数量。

对于纯金属或单相合金来说，侵蚀仍是一个纯化学溶解过程，由于金属及合金的晶界上原子排列混乱，并具有较高的能量，因此晶界处较为容易被侵蚀而呈现凹沟，同时由于每个晶粒中原子排列的位向不同，所以各自的溶解速度各不一样，致使被侵蚀的深浅程度也有区别，在垂直光线的照射下将显示出明暗不同的晶粒。

对于两相以上的合金组织来说，则侵蚀主要是一个电化学腐蚀过程，由于各组成相的成分不同，各自具有不同的电极电位，当试样侵入具有电解液作用的侵蚀剂中，就在两相之间形成无数对"微电池"，具有负电位的一相成为阳极，被迅速地溶入侵蚀剂中，而使该相形成凹洼，具有正电位的另一相成为阴极，在正常电化学作用下不受侵蚀而保持原有的光滑表面。当光线照射到凹凸不平的试样表面时，由于各处对光线的反射程度不同，在显微镜下就能观察到各种不同的组织及组成相。

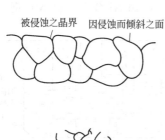
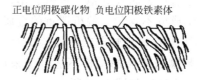
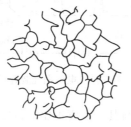

图 1-13 单相和双相组织显示

侵蚀方法通常是将试样磨面浸入侵蚀剂中，也可用棉花蘸侵蚀剂擦试样表面，侵蚀时间要适当，一般使试样磨面失去金属光泽时就可停止，如果侵蚀不足，可重复侵蚀，侵蚀完毕后，立即用清水冲洗，然后棉花蘸上酒精擦拭磨面并吹干，至此，金相试样的制备工作全部结束，即可在显微镜下进行组织观察和分析研究。

三、显微摄影

经显微分析后，可用显微摄影的方法把所需的典型组织拍摄下来，供研究或保存用，将这种经过显微放大的组织拍摄下来的过程称为显微摄影。

显微摄影的流程为：显微摄影→金相样品制备→金相显微镜→

⎡光学照相机→拍摄（负片）→底片冲洗→底片晾干→相纸曝光→显影→定影→烘干→裁剪
⎣CCD摄像头或数码相机→获取、编辑、保存、查询、管理、打印（或发 E-mail 等）

一张好的金相照片，不但要求有一定的反差，而且要求由深浅浓淡的各级层次来显示组织中的组成物，显微摄影的质量主要取决于金相样品的制备的质量，然后是摄影（摄像）技术，下面先介绍显微摄影中金相样品的制备。

（一）金相样品的制备

金相显微摄影样品制备的质量比一般作观察的样品的质量要求更高，样品表面必须平坦，无显著的磨痕、凹陷、污点、拖尾以及扰乱的金属层。样品的侵蚀不宜过重，低倍摄影时侵蚀要深一些，高倍摄影时应浅一些。

如样品经过一次侵蚀，发现反差太小，侵蚀太浅，则不应直接再去侵蚀，而应经重新抛光后再侵蚀，侵蚀时间酌情延长。侵蚀后的试样应立即进行摄影，否则存放也会引起试样表面污损和减少反差。

（二）光学显微摄影技术

1. 感光材料

感光材料指的是底片和相纸。

（1）底片

底片又称负片，是在透明的片基（玻璃或胶片）上涂上感光银盐制成。底片厚度为 0.1～0.3mm，由保护层、感光乳剂层、结合层、片基、防光晕层组成（见图 1-14）。

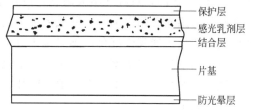

图 1-14　感光材料基本结构断面示意

保护层　是为了防止乳剂膜被擦伤。

感光乳剂层　由感光银盐、动物胶及色素三部分组成。感光银盐一般是硝酸银、氯化银、溴化银和碘化银，其感光度逐渐增加。动物胶是使银盐均匀地在水中溶解，防止乳剂发生沉淀现象。色素是使银盐具有感色能力的物质。

结合层　其作用是使乳剂膜与片基牢固地贴在一起。

片基　由赛璐珞片或玻璃片制成。

防光晕层　可以吸收穿透乳剂膜和片基的多余光线，防止光线反射而引起卤化银感光而产生光晕现象。

底片由于制造方法不同，而具有不同的性能，如感光速度、反差系数、宽容度、分辨率、色感性等。

感光速度　是指胶片对光线作用的敏感程度。各种胶片由于银盐的种类和粗细不同，感光速度也有高低区别，感光速度愈高，则拍摄时所需要的曝光量愈少。感光速度通常是利用一定密度所需曝光量的倒数来计算的，它是一个相对数值。国际标准化组织（ISO）制定的底片感光度标准，用两种方式表示：

ISO100 为算术表示式；

ISO21° 为对数表示式。

目前中国底片国际标准是"定（DIN）制"以 GB××°（DIN）表示，如 GB21°（DIN）；数字每增加 3，感光速度就增加一倍。

反差系数　是指拍摄后影像明暗程度与原实物的明暗程度的比值。即 γ 值。γ 值大，黑白分明，中间灰色很少，称硬调或硬性底片；γ 值小，黑白差别小，中间灰色层次多，称软调或软性底片。中等反差者称中性底片。胶片的反差系数决定于感光膜的配方，一般银盐颗粒细匀，反差系数大；颗粒粗而不均匀反差系数就小。金相摄影选用感光速度慢的底片最好。

宽容度　是底片记录明暗等级的能力。宽容度大的胶片，感光时间伸缩范围也大，在这一范围内，曝光时间与底片的明暗成正比，超出这一范围则底片影像变黑，而低于这一范围则感光不足。

分辨率　是胶片对景物细部清楚辨别的本领。它也用能分清的线条之间最短距离的倒数来表示，胶片的分辨率决定于感光乳剂中的银盐颗粒大小与药膜厚度。颗粒细、药膜薄分辨率就高，一般 GB21°胶片分辨距离 0.015mm，即在 1mm 的范围内分辨 80～90 条细线，由于胶片的分辨率比人眼高得多，所以摄影倍数不高，借底片放大也能完全分辨景物的极细微部分。

色感性　是对各种光波颜色的敏感程度和敏感范围，根据银盐乳剂中加入色素的情况，底片对不同色光的感受力是不同的，底片可分为无色片、分色片、全色片等。无色片又称盲片，这类胶片的感光膜中不加入色素，只能感受波长 3300～4800Å（1Å＝0.1nm）范围内的蓝紫光，对其他色光不敏感，它可在暗室红灯下操作。无色片都是低速片，它的银盐极细，分辨率高，反差大，用于翻拍黑白文字、图表和制板工作。分色片，也称正色片，在胶片的感光乳剂中加有一种增感色素，它除感受蓝紫色，还可感受黄绿色光，感受限度在 300～6000Å 之间，对红光不大敏感，可在暗红灯下操作，适用于图像的翻拍工作。全色片是在胶片的感光乳剂中加入一种或数种全色增剂，使银盐感受全部可见光的化学色素，它感色性由蓝紫扩展到橙红色，感光范围在 3300～7000Å 之间，全色片对绿光的感受不够敏感，故可用暗绿色的暗室灯作安全灯，全色片是使用最广泛的胶片。

底片一般分三类，即干板、散页胶片、胶卷。

（2）相纸

相纸是在厚 0.15～0.30mm 的高级纸上（叫做纸基），涂以感光乳剂制成。相纸用的乳剂都是未加增加感色素的，只能感受蓝紫光。根据感光速度的不同，相纸可分为印相纸及放大纸两大类。相纸的曝光时间都在印放照片时，用试验的方法决定。因此包括盒上都不标明感光速度。

印相纸：感光乳剂由氯化银组成，感光速度很慢。因为印相纸直接在印相箱的灯光下曝光，光线比较强烈，所以速度应慢一些，如果感光速度太快，使曝光时间短于 0.3s，操作时不易控制。

放大纸：乳剂由溴化银组成，感光速度是印相纸的 50～200 倍，但比一般底片还是慢得多，由于放大纸在放大机下使用，光线弱些，因此要感光速度大些才便于工作。

印相纸和放大纸，都有各种不同的反差性，中国生产的相纸按反差分成 4 个号：1 号（软性）、2 号（中性）、3 号（硬性）、4 号（特硬性）。相纸也有宽容度，它以曝光范围数来表示。

2. 底片的曝光

显微摄影的成败与曝光有密切地关系。曝光时，首先要确定正确的曝光时间，而曝光时间与光源强弱、滤色片的颜色、组织特征及亮度等因素有关。例如，组织很光亮而且鲜明的单相晶粒就比片层的珠光体、屈氏体的曝光时间短些。

3. 显微镜的正确调节及摄影的操作步骤

摄影用的物镜是观察用物镜，如有平面消色差物镜或平面复消色差物镜更适合于摄影。适合选用滤片，对摄影的质量也很重要。滤色片可以增加照片上显微组织的衬度，配合消色差物镜降低残余色像差，得到波长较短的单色光，以提高鉴别率；还有助于鉴别带色彩的组织。用消色差物镜时必须用黄绿色滤色片滤色，用复消色差物镜可以不用滤色片。

光源要调节对中，当放大倍数超过 100× 时，必须用平面反射玻璃做垂直照明，光圈系数要调整在适当的位置。

显微摄影时，其光学原理与目镜观察一样，只不过是由试样磨面反射回来的光线，不是到达目镜，而是通过摄影目镜、快门，到达暗箱中的底片上。

02 型显微镜摄影操作过程如下：

ⅰ. 暗室内将底片装入照相盒（底片盒），乳剂层向外，盖好；

ⅱ. 通过目镜观察，选择试样中具有代表性的部位；

ⅲ. 调节焦距使成像清晰明亮；

ⅳ. 将反光镜拉出，否则光线被反光镜所挡住而不能拍摄；

ⅴ. 检查快门是否关闭；

ⅵ. 取下暗箱上的毛玻璃，换上装有底片的底片盒，并抽出其保护板（不可取下）；

ⅶ. 打开快门使底片进行曝光（曝光时间由实验确定），曝光后应及时将保护板推回原位，取下底片盒，并立即换上毛玻璃，以免灰尘落入暗箱内。

4. 底片冲洗和印相的操作步骤

ⅰ. 显影、曝光正确的底片必须在正确的显影条件下显影，才能得到良好的负片。显影条件包括显影液的种类和浓度，显影液的温度，显影时间以及显影配方等。这些因素对影像的特性（密度、反差、颗粒、灰雾以及层次等）都有直接影响。

显影液的种类有：D—76 配方，适用于负片；D—72 配方，适用于晒正片。

显影液 D—76 配方：

50℃清水	500ml	硼砂	2g
米吐尔	3.1g	冷水加至	1000ml
无水亚硫酸钠	95g	显影温度	18～20℃
几奴尼	5g	显影时间	10～20min

显影液 D—72 配方：

50℃清水	500ml	溴化钾	1.9g
米吐尔	3.1g	冷水加至	1000ml
无水亚硫酸钠	95g	显影温度	18～20℃
几奴尼	5g	显影时间	10～20min
无水碳酸钠	67.5g		

注：使用时 1∶2 稀释。

显影液的温度，显（定）影液配制时，先应将一定数量的水加温（50℃左右）后注入洗净的容器内，然后按配方中药品的先后顺序和分量逐一倒入并不断搅拌，待一种药品完全溶解之后，再倒另一种药品，最后按要求加足水分，待液温达到 18℃ 时，在全暗的调节下，将底片从底片盒中取出，于清水浸湿后放入显影液中显影，并不断搅动显影液（用不锈钢夹夹住底片一小角，在液中上下抖动）；显影时间为 10～15min（相纸为 1.5～3min）。

为了掌握底片的显影情况，必要时可在暗绿灯下，观察数秒钟，对于曝光不足的底片，可适当增加显影时间，以弥补影像的不足。

ⅱ. 定影、显影完成后的感光材料经短暂的中间水漂洗后，放入定影液中，使未感光的卤化银溶去，常用定影液配方为 F-5。定影时间为 15～30min。

定影液：F-5

60℃清水	500ml	硼砂	7.5g
硫代硫酸钠	240g	钾矾	15g
无水亚硫酸钠	15g	冷水加至	1000ml
醋酸(28%)	48ml	定影时间	15min

ⅲ. 水洗和干燥。定影后的感光材料须在清水（流水）中清洗，以清除附在片上的定影液，使底片（或相片）长期保存。

底片一般须晾干。

5．印像和放大印像

底片晾干后，即可晒印成正片，操作步骤如下。

ⅰ．印像机上将印像纸紧盖在药面上进行曝光（或将底片安装在放大机上投影曝光），曝光时间根据光源的亮度及底片的反差来决定。

ⅱ．相纸在显影液中显影。

ⅲ．水洗后在定影液上定影。

ⅳ．水洗 30min。

ⅴ．在上光机进行烘干上光。

放大印像是在负片和相纸中间加放一个光学镜头（放大机或缩小仪），光线从负片反面经负片、镜头投射到相纸的感光乳剂面上。改变镜头与负片、感光乳剂面之间的距离可印出与负像等大、放大和缩小的正像。放大印像一般用溴纸或氯溴纸（即放大纸）。

6．烘干和裁剪

（三）数字图像技术

传统的光学显微摄影技术必须使用胶卷，拍摄完后必须对胶片冲洗及印相，如果在拍摄过程中由于各种原因没有拍摄好也不能马上重拍，故常常会占用大量时间，减低工作效率。而且在冲洗过程中没有办法进行多种复杂的图像处理。

新型的 CCD（电荷藕合装置）摄像头或数码相机转接技术便能解决这个问题。它彻底告别了卤化银胶片，也不需暗房冲洗；它以数字存储器取代感光材料，用打印机代替暗房冲洗，并通过更换存储器实现照片的无限制拍摄。

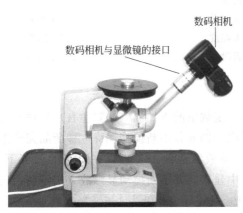
数码相机

数码相机与显微镜的接口

图 1-15　连接数码相机的 4X 型显微镜

显微镜所成的像通过 CCD 摄像头或数码相机传输到电脑显示屏，可以获取图像，并可编辑、保存、查询、管理、打印（或发 E-mail 等），再使用专业的打印机及打印用相纸便能轻松迅速地将所需要的图像打印出来。图 1-15 为连接数码相机的 4X 型显微镜。

1．数码相机

数码相机主要有两种类型：一种是全集成式数码相机；另一种是采用了传统镜头的数码相机。现在最新技术的数码相机看起来更像摄像机，它装有一套复杂的静止拍摄系统，并且能够连续拍摄一段较短的录像，而不再仅仅只限于单幅的静止图像。

这里实验选用的是便于与金相显微镜连接的有传统镜头的数码相机——尼康 COOL-PIX4500。主要技术参数如下。

图像传感器：1/1.8″高密度 CCD。

总像数：413 万。

影像尺寸：640×480～2560×1520。

电源：一为锂电池，二为外接电源。

拍摄速度：1～1/2300s，8～1/2300s。

存储量：32～512MB。

镜头数字变焦：4倍。

液晶显示取景器：带有 LED 指示的实像变焦取景器。

焦距：$F=7.85\sim32$mm。

拍摄模式：有自动模式（AUTO）、手动模式（M）、光圈优先自动模式（A）、快门优先自动模式（S）、程式化自动模式（P）以及场景模式共有六种。拍宏观照片时，可选择场景模式中的微距模式（有两朵小花表示）；拍摄显微照片时，一般选择 A 模式；也可根据具体的拍摄要求选择合理的模式。

快门：机械和充电藕合式电子快门。

文件格式：压缩——JPEG；未压缩——TIFF。

接口：USB。

输入/输出端口：DC 输入，视频输出，数码端口 USB。

用数码相机拍摄时的样品制备与用光学相机拍摄时一样。

2. 数码影像图像编辑

使用中文版 Photosbop 6 图像处理软件。

（1）打开数码相片文件

一般情况下，都以相片文件的原有格式打开相片，这样有利于保存原有相片信息。但是，如果需要转换文件格式以便进行相应的处理，则可以按指定的文件格式打开相片文件。选择"文件"→"打开为"命令，将弹出"打开为"对话框，如图 1-16 所示。"打开为"对话框与"打开"对话框外观很相似，只是在窗口的下方将"文件类型"下拉列表框换成为"打开为"下拉列表框，在该下拉列表中可以可指定要转换的文件格式。

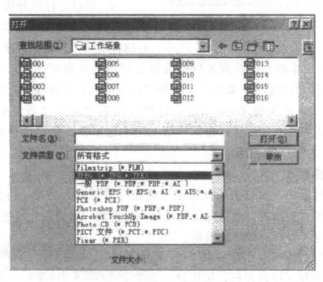

图 1-16 "打开为"对话框

（2）改变数码相片的尺寸

由于相片尺寸是影响相片文件大小、显示分辨率和打印分辨率等相片属性的重要因素，因此在相片处理的过程中，常常通过相片尺寸的改变来增大或者缩小相片的大小、分辨率等。

显示分辨率是指显示器屏幕的分辨率，当相片的尺寸（长和宽）固定时，增加屏幕分辨率会增加相片的像素数，从而增加相片的清晰度。打印分辨率是指相片在打印机等输出设备上的分辨率。在印刷领域，分辨率通常是以每英寸多少线（线/英吋衡量的，这称为挂网频率。在印刷过程中，挂网频率取决于由半色调组成的单元行数，半色调由印刷设备所能产生的最小点组成。显示分辨率与打印分辨率之间密切相关，而且存在一定的转换关系。通常在打印输出时，每个半色调只需要两个相片像素就可以产生高质量的输出。因此打印分辨率就是 2 倍挂网频率，单位为"线/cm"。

在中文版 Photoshop 6 中，可以通过"图像大小"对话框改变相片的显示和打印分辨率。

改变图像分辨率的方法如下。

ⅰ．打开或者新建一个相片窗口，然后选择"图像"→"图像大小"命令，打开"图像大小"对话框，如图图 1-17 所示。

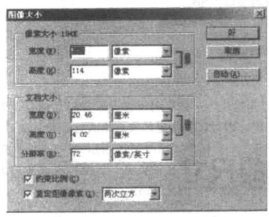

图 1-17 "图像大小"对话框

ⅱ．在"图像大小"对话框中，目前文本框中的各值与新建相片时的设置是一致的。根据需要可以调整"像素大小"选项区域和"文档大小"选项区域中的选项。

ⅲ．启用"约束比例"复选框，可以在保持原始相片长、宽比例的情况下，改变相片的尺寸大小。亦即改变相片的长度（或宽度）数值，则其宽度（或长度）数值将根据原有的比例自动得出。

ⅳ．要设置打印分辨率，可单击"图像大小"对话框中的"自动"按钮，引开如图 1-18所示的"自动分辨率"对话框。

ⅴ．在"挂网"文本框和下拉列表框中设置要使用的挂网频率，然后在"品质"选项区域中选择一种质量，该选项用来指定中文版 Photoshop 6 如何计算打印分辨率。如果选择"最好"单选按钮，中文版 Photoshop 6 将把挂网频率乘以 2 计算打印分辨率；选择"好"单选按钮，将乘以 1.5 计算；选择"草图"单选按钮，则打印分辨率保留为原来的分辨率。

（3）重定相片像素

在相片处理的过程中，如果单纯地对于一些相片进行放大处理，将会降低相片的分辨率，这样就破坏了相片的美观。通过复位图像像素的办法，增加相片所包含像素的数量，这样即使放大相片，也可以获得较好的效果。

在"图像大小"对话框中，有一个"重定图像像素"复选框和下拉列表框，用来设置相片尺寸改变时的重定图像像素算法，在下拉列表中所包含了以下 3 种选项：

"两次立方"——这是最好的重定图像像素算法．也是默认选项；

"邻近"——它比较快，但是重定图像像素准确性不高：

图 1-18 "自动分辨率"对话框

"线性"——它是介于"两次立方"和"邻近"之间的一种重定图像像素算法。

在启用"重定图像像素"复选框的情况下，增大或减少相片的尺寸会相应增大以减少文件的大小，因为增加或减少了相片信息量，而相片分辨率不变；在禁用"重定图像像素"复选框后，相片的分辨率与它的长度、宽度始终保持着联系，也就是说，当相片的尺寸增加时，将降低相片的分辨率；当相片的尺寸减小时，将增大相片的分辨率，如图 1-19 所示。

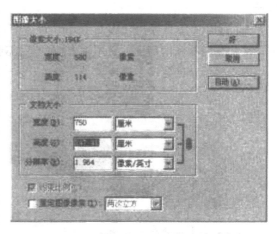

图 1-19 禁用"重定图像像素"复选框

当图片上出现半色调像素、胶片颗粒以及其他人为的痕迹时，可以有目的地放弃一些相片像素，通过中文版 Photoshop 6 的"重定图像像素"功能使图片的像素均匀、光滑，这样，就可以使图片的质量得到明显地改善。

（4）裁剪相片

改变相片尺寸的另一种方法是裁剪，裁剪不改变相片的分辨率，也不需要进行重定图像像素。它只是把相片中不需要的部分剪切掉，而不影响相片的其他部分。裁剪相片可采用两种方式，一种是利用画布的缩小来裁剪相片的周边区域，一种是利用裁剪工具来裁剪指定区域以外的相片区域。至于选择哪种裁剪方式，可根据具体的裁剪要求来决定。一般使用裁剪工具来裁剪相片，因为裁剪工具直观、灵活，便于精确地判断裁剪后相片的宽度、高度以及裁剪后相片文件的大小。

① 利用画布裁剪相片　在中文版 Photoshop 6 中，相片的大小取决于画布的大小，通过调整画布尺寸就可以改变相片在画布上的位置和相片的大小，甚至将相片中不需要的部分裁剪掉。增大画布的尺寸时，中文版 Photoshop 6 将自动以背景色填充画布的空白区域：减小画布的尺寸时，画布之外的相片区域将被裁剪。例如，在如图 1-20 所示的相片中，相片的边缘无用部分过多，为了体现主体部分可以将其他多余部分裁剪掉。

图 1-20 相片的边缘无用部分过多

图 1-21 "图像"菜单

裁剪相片的具体操作步骤如下。

ⅰ. 在中文版 Photoshop 6 的主菜单中选择"图像"中的"画布大小"命令，或者在相

21

片窗口的标题栏上单击鼠标右键，从弹出的快捷菜单中选择"画布大小"命令，如图 1-21 所示。

ⅱ．这时系统将弹出"画布大小"对话框，如图 1-22 所示。在"新建大小"选项区域中，从"宽度"和"高度"文本框右侧的下拉列表中，选择画布尺寸的度量单位，然后在文本框内设置画布的宽度和高度。

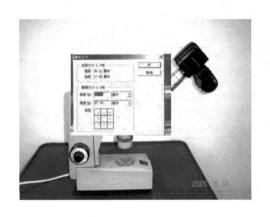

图 1-22　"画布大小"菜单

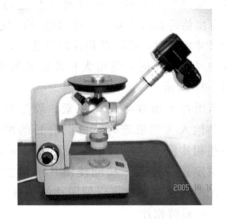

图 1-23　裁剪后的照片

ⅲ．在"定位"选项区域，单击方块按钮可以选择相片在画布上的位置，选择中间按钮表示按相片的中心点进行裁剪。

ⅳ．设置好画布大小后，单击"好"按钮，这时系统将弹出一个信息提示框，提示由于画布尺寸的减小，将裁剪相片的部分内容，单击"继续"按钮，将完成裁剪画布的操作，效果如图 1-23 所示。

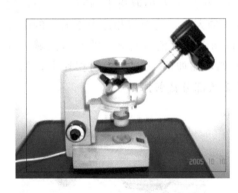

图 1-24　矩形剪切区

② 利用"裁剪"工具裁剪相片　使用"裁剪"工具可以裁剪选区之外的相片，而选区内的相片将被保留。例如，要将原图进行部分裁剪，可以在中文版 Photoshp 6 工具箱中选中"裁剪"工具，并在相片中按下鼠标左键并拖动出一个矩形选区，并在相片中按下鼠标左键并拖动出一个矩形选区。如图 1-24 所示。

这时，在矩形选区的周围将出现 8 个移动标记，将鼠标指针移至标记处拖动，可以改变选区的大小。具体地说，在水平（垂直）标记块处拖动，可以在水平（垂直）方向上改变选区的大小；在对角线的标记块处拖动，可以在对角线方向上改变选区的大小。将鼠标移至选区之外时，鼠标指针的形状变成弧形。拖动鼠标即可围绕着选区的中心在相片或图层上旋转选择框。将鼠标指针移动至选区的中心处拖动，可以改变旋转中心的位置。当再次旋转选区时，将会得到不同的旋转效果。

确定裁剪区域的位置、大小与角度之后，铵 Enter 键或者在选区内双击鼠标，即可将选区之外的区域裁剪掉，得到如图 1-23 所示的效果。

（5）保存数码相片的修改

在保存相片时，可以以相片原有格式保存，也可以指定的格式保存。相片创建成和处理完毕后，需进行保存操作。

对于不同的相片，可采用不同的保存方式。如果要保存的相片文件是一个已有的相片文件，而且不需要修改相片文件的格式、文件名以存放路径等，可以直接选择保存。如果文件已经保存过，需要修改相片文件的格式、文件名或路径等，可以选择另保存为。并要注意确定另存文件的格式类型。

（6）添加文件信息

在保存文件之前，可以为相片文件添加一些文件信息。中文版 Photoshop 6 允许在出版、发布和传送完成的作品时以电子格式添加各种文件信息，包括标题、关键字、类别、版权声明和引用等。图 1-15 就是在照片上添加的文字信息。

3. 数码相机拍摄的操作步骤

ⅰ. 将要拍摄的已制备好的金相样品，放在显微镜的样品台上，通过目镜观察，选择试样中具有代表性的视场。

ⅱ. 调节焦距使数码相机的显示屏上的图像清晰为止。

ⅲ. 根据具体的拍摄要求选择合理的拍摄模式。

ⅳ. 按快门。可先半按快门，然后觉得图像达到最清晰为止，再全按快门，一张清晰的照片就拍好了。

ⅴ. 按下相机上的浏览键，刚才拍摄的照片会显示在液晶屏幕上。在浏览中，会发现所拍的照片不全理想，可将不理想的删除。然后重新拍摄。

ⅵ. 拍摄完照片后，使用 USB 线将数码相机里的照片传输到计算机里。这些照片可以利用 Photoshop 、PhotoImpact 等软件进行编辑。

ⅶ. 将编辑好的照片打印出来。

四、硬度计的使用

硬度是衡量金属材料软硬程度的一种性能指标。是材料抵抗另一更硬物体压入其表面的能力，其实质是材料表面在接触应力作用下对局部塑性变形的抗力。硬度可以综合反应材料的力学性能（强度、塑性、弹性、耐磨性等），它是材料的主要性能指标之一。由于硬度试验具有试验方法简单、快速、不破坏零件和其他力学性能存在一定关系等特点，在生产实践和科学研究中得到广泛的应用，并用以检验和评价金属材料的性能。硬度的试验方法很多，基本上可以分为压入法（如布氏、洛氏、维氏硬度等）、刻划法（如莫氏法等）、回跳法（如肖氏法）等几种。

常用的金属硬度试验方法如下。

① 布氏硬度　常用于金属原材料和毛坯的硬度检验，也可以应用于热处理后半成品的硬度检查。

② 洛氏硬度　主要用于热处理后的各类金属产品的硬度检验。

③ 维氏硬度　大多数用于薄工件或零件表面的硬度测定，以及较精确的硬度测量，其硬度测量范围较宽。

④ 显微硬度　用于测定金属内部显微组织或相的硬度，也可以对非金属材料进行硬度测定。

下面介绍通常使用的布氏、洛氏、维氏硬度硬度计。

（一）布氏硬度试验

布氏硬度试验方法，是通过测量压痕面积来计算硬度值。试验时，用直径为 $D(\text{mm})$ 的淬火钢球或硬质合金球上施加规定的负荷 $P(\text{kgf})$，压入试样表面。如图 1-25 所示。保持一定时间后除去载荷。试样表面就残留压痕，测量出压痕直径，求得压痕球曲表面积。布氏硬度是以压痕表面积除所承受的平均压力 $P(\text{kgf/mm}^2)$ 之商值来表示布氏硬度值。用符号 HB 表示。其计算公式为

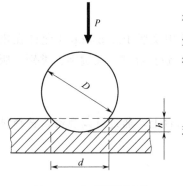

图 1-25　布氏硬度原理

$$HB = \frac{P}{F} = \frac{2P}{\pi D\left[D - (D^2 - d^2)^{\frac{1}{2}}\right]}$$

式中　HB——布氏硬度值；

　　　P——负荷，kgf；

　　　F——压痕面积，mm^2；

　　　D——球体的直径，mm。

布氏硬度值不标注单位。

试验时应根据材料的预期硬度值，并考虑试样的厚度，按国家标准 GB 231—B4 中的试验规范（见表 1-2）来选择钢球直径 D，载荷 P 和加载时间 t，测得压痕直径 d 后，按上述计算或查表。当压头是淬火钢球时用符号 HBS 表示；当压头是硬质合金球时用符号 HBW 表示。

表 1-2　布氏硬度试验规范

金属类别	布氏硬度范围/HB	试件厚度/mm	负荷 P 与压头直径 D 的关系	钢球直径 D/mm	负荷 P/kgf	载荷保持时间/s
黑色金属	140～450	6～3 4～2 小于 2	$P = 30D^2$	10.0 5.0 2.5	3000 750 187.5	10
黑色金属	小于 140	大于 6 6～3 小于 3	$P = 30D^2$	10.0 5.0 2.5	3000 750 187.5	30
有色金属	31.8～130	9～6 6～3 小于 3	$P = 10D^2$	10.0 5.0 2.5	1000 250 62.5	30
有色金属	8～35	大于 6 6～3 小于 3	$P = 2.5D^2$	10.0 5.0 2.5	250 62.5 15.6	60

布氏硬度的表示方法：在 HBS 或 HBW 之前书写硬度值，符号后面依次表示球体直径、载荷及保持时间。当载荷保持时间为 10～15s 时不标注。例如 400HBW5/750 表示用直径为 5mm 的硬质合金球，在 7.355kN（750kgf）试验力作用下，保持 5～10s 测得的布氏硬度值为 400。又如，180HBS10/1000/30，表示用直径为 10mm 的钢球，在 9.807kN（1000kgf）试验力作用下，保持 30s 测得的布氏硬度值为 180。

对同一材料选用不同的载荷 P 和 D 进行试验时，应使 P/D^2 值保持常数，实际试验时，为了得到准确的试验结果，除 P 与 D 应满足这一选配原则外，还应通过 P 与 D 的选择使压

痕直径 d 限定在（0.24～0.60）D 之间，否则试验结果无效，应另选规范再进行试验。因为分值若太小，灵敏度和准确性将随之降低；d 值若太大，压痕的几何形状不能保持相似关系，影响试验结果的准确性。实践表明，当压痕直径在上述范围内时，试验力的变化对布氏硬度值不会产生太大影响，而在 $d=0.375D$ 条件下最理想。

试验时，每个试样（若试样尺寸允许）至少应在 3 个不同的位置测定硬度，且压痕中心距试样边缘距离应不小于压痕平均直径的 2.5 倍，两相邻压痕中心距离应不小于压痕平均直径的 4 倍。对于布氏硬度值小于 35HB 的试样，上述距离应分别为压痕平均直径的 3 倍和6 倍。

在读数显微镜或其他测量装置上测量压痕直径时，应在两个相互垂直的方向测量。压痕两直径之差不应超过较小直径的 2%。对于各向异性明显的材料，两直径之差可不受这一限制，但应在有关材料标准或协议作出具体规定。

使用淬火钢球作压头时，只能对 450HB 以下的材料进行试验；当用硬质合金球作压头时，可对 650HB 以下材料进行试验。在 350～450HB 时，用淬火钢球和硬质合金球均可。但要注意 HBS 与 HBW 在此范围内无可比性，应按双方协议确定使用哪一种压头进行试验。

试验一般在 10～35℃室温下进行。对温度要求严格的试验，室温应控制在（23±5)℃之内。

试样应满足以下要求。

ⅰ. 试样的试验面应是光滑的平面，不应有氧化皮及外来污物。试验面粗糙度必须保证能精确地测量压痕直径，一般试验面的粗糙度 R_a 应在 $0.8\mu m$ 以下。

ⅱ. 试样坯料可采用各种冷热加工方法从原材料或机件上截取，试样的试验面和支承面可采用相同的机械方法加工，两平面应保证平行。试样在制备过程中，应尽且避免由于受热及冷加工等对试样表面硬度的影响。

ⅲ. 试样的厚度至少应为压痕深度的 10 倍。试验后，试样背面应无可见变形痕迹。

布氏硬度试验适用于退火、正火状态的钢铁件、铸铁、有色金属及其合金，特别对较软金属，如铝、铅、锡等更为适宜。由于布氏硬度试验时采用较大直径球体压头，所得压痕面积较大，因而测得的硬度值反映金属在较大范围内的平均性能。由于压痕较大，所测数据稳定，重复性强。布氏硬度的缺点是对不同的材料需要更换压头和改变试验力，压痕直径测量也较麻烦。同时，由于压痕较大，对成品件不宜采用。

（二）洛氏硬度试验

洛氏硬度试验方法是采用测量压痕深度的方法来表示材料的硬度。试验时，是先后两次施加载荷（初载荷 P_0 及主载荷 P_1）的条件下，将120°标准压头（金刚石圆锥体或小淬火钢球）压入试样表面进行的。图 1-26 为洛氏硬度的原理。

图 1-26（a）为加上初载荷 P_0 后压头压入试样深度为 h_1 的位置；以此作为测量压痕深度的基准。图（b）为加上总载荷 $P(P=P_0+P_1)$ 后压头压入试样深度为 h_2 的位置；h_2 为总变形量，其中既有弹性变形量又有塑性变形量。图（c）为卸主载荷 P_1 后（但仍保留初载荷 P_0），由于试样弹性变形的恢复，压头深度为 h_3 的位置。由图可见，压头受主载荷 P_1作用，实际压入试样深度为 $h=h_3-h_1$，以此值被用来衡量金属的软硬程度，h 值愈大，则硬度愈低，反之硬度愈高。规定每压入 0.002mm 为一硬度单位（即刻度盘上 1 小格）。洛氏

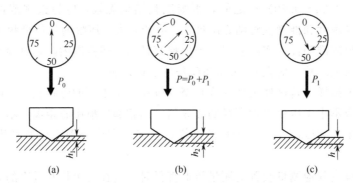

图 1-26 洛氏硬度的原理

硬度计算公式为：

$$HR=(K-h)/0.002$$

式中　　HR——表示洛氏硬度值；

K——常数，当金刚石压头时，$K=0.2$mm，当钢球压头时，$K=0.26$mm；

h——主负荷引起的压入深度。

洛氏硬度值是一个无量纲的量。采用不同的压头和总载荷组合做试验时，得到几种不同的洛氏硬度标尺。其中常用的是 HRA、HRB、HRC 三种。其试验规范如表 1-3。

表 1-3　洛氏硬度标尺的试验规范

标尺	硬度值符号	压头	总负荷/kgf(N)	测量范围	应　　用
A	HRA	120°金刚石圆锥	60(558.4)	20～88HRA	测量硬脆金属或表面硬化层，如硬质合金、表面淬火层、渗碳层
B	HRB	1/16 钢球	100(980.7)	20～100HRB	测量较软金属，如有色金属、正火钢、退火钢
C	HRC	120°金刚石圆锥	150(1471.1)	20～70HRC	测量较硬金属，如淬火钢、调质钢

洛氏硬度表示方法，在 HR 前为硬度数值，在 HR 后面为使用标尺。例如，30.6HRC 表示用 C 标尺测定的洛氏硬度为 30.6。

试验时，每个试样上的试验点数不少于 4 点（第一点不计）。对于大批量试样的检验，点数可以适当减少。在洛氏硬度试验中，应按规定要求适当保持压痕之间的距离。两压痕中心间距离至少应为压痕直径的 4 倍，但不得小于 2mm；任一压痕中心距试样边缘距离至少应为压痕直径的 2.5 倍，但不得小于 1mm。

试验一般在 10～35℃室温下进行。对温度要求严格的试验，室温应控制在 (23±5)℃ 之内。

试样应满足以下要求。

ⅰ. 试样的坯料可采用各种冷热加工方法从原材料或机件上切取。试样在制备过程中应尽量避免由于切削机加工过程中进刀量过大或切削速度过快等操作因素引起的试样过热，造成试样表面硬度改变。此外，在加工时应注意不要使表面产生明显硬化层，以免影响试验结果的准确性。

ⅱ. 试样表面应尽可能是平面，不应有氧化皮及其他污物，表面粗糙度 R_a 一般不大于 0.8μm，试样支承面应平整并与试验面平行。

ⅲ. 试样或试验层的厚度应不小于压痕深度残余增量 h 的 10 倍，并且试验后试样背面不得有肉眼可见变形痕迹。有关试样最小厚度与洛氏硬度值的关系参见 GB/T230、GB1818 标准附录。

ⅳ．试样也可以是曲面，在曲面上测量，对于曲率半径较小的试样，应根据其曲率半径及硬度范围按标准规定对试验结果进行修正。这是因为压头压入曲面试样时，被压处周围垂直于压头作用体积较平面时明显减少，其抵抗能力明显削弱，致使压痕深度增加，硬度值降低。曲面曲率半径愈小，硬度值降低愈明显。

由于洛氏硬度试验所用试验力较大，不宜用来测定极薄工件及氮化层、金属镀层等的硬度。为了解决表面硬度的测定，人们应用洛氏硬度的原理，设计出一种表面洛氏硬度计。也是采用金刚石圆锥体或小淬火钢球作压头，只是采用试验力较小。其规范如表1-4。

表1-4　表面洛氏硬度试验规范

压头类型	120°金刚石圆锥			1/16 钢球		
硬度符号	HR15N	HR30N	HR45N	HR15T	HR30T	HR45T
总负荷/kgf	15	30	45	15	30	45

注：1. 初负荷为 3kgf（1kgf＝9.8N）。

2. 压痕深度每 0.001mm 为一个硬度单位。

3. $K=0.1$mm

表面洛氏硬度表示方法与洛氏硬度一样，符号 HR 前面为硬度数值，HR 后面为使用标尺。例如 60.3HR30N 表示用 30 N 标尺测定的表面洛氏硬度值为 60.3。

对黑色金属，两相邻的压痕中心间距或任一压痕的中心距试样边缘距离应不小于压痕对角线平均值的 2.5 倍。对有色金属，上述距离应不小于压痕对角线的 5 倍。表面洛氏硬度对试样表面加工、试样厚度及对硬度计精度要求较高。其操作要求与洛氏硬度试验相同。

洛氏硬度试验是通过变换试验标尺可测量硬度较高的材料。压痕较小，可用于半成品或成品检验。试验操作简便迅速，工作效率高，适合于批量检验。其缺点是压痕较小，代表性差。由于材料中有偏析及组织不均匀等缺陷，致使所测硬度值重复性差、分散度大。此外，用不同的标尺测得的硬度值彼此无内在联系，也不能直接进行比较。

（三）维氏硬度及显微硬度试验

1. 维氏硬度试验

维氏硬度试验方法，也是通过测量压痕面积来计算硬度值。试验时，是用一个相对面夹角为 136°的金刚石正四棱锥体压头，在一定载荷 P(kgf) 作用下压入试样表面。如图 1-27 所示。经规定的加载时间后卸除载荷，测量压痕对角线长度 d(mm)，用以计算压痕表面积 F，求出压痕表面所承受的平均应力 P/F(kgf/mm^2) 作为维氏硬度值，以符号 HV 表示，其计算公式：

$$HV=P/F=1.8544P/d^2$$

式中　HV——维氏硬度值；

P——负荷，kgf；

F——压痕表面积；

d——压痕对角线长度。

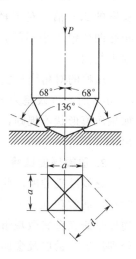

图 1-27　维氏硬度原理

维氏硬度值不标注单位。

维氏硬度试验的载荷 P 可在 5～120kgf 范围内根据试样厚度高低及厚薄进行选择，但常用的载荷为 5kgf、15kgf、20kgf、30kgf、50kgf、80kgf、100kgf、120kgf。合理的载荷大小与试样之间的关系列于表 1-5 中。在一般情况下，建议选用 30kgf 的载荷。载荷保持时间对黑色金属为 10～15s，对有色金属为 60s。

表 1-5　维氏硬度试验中载荷的选择

试样厚度/mm	合理的载荷大小/kgf(在维氏硬度范围内)			
	20～50	50～100	100～300	300～900
0.3～0.5	—	—	—	5～10
0.5～1.0	—	—	5～10	10～20
1～2	5～10	10～25	—	—
2～4	10～20	25～30	—	—
>4	≥20	≥30	≥50	—

维氏硬度的表示方法：在 HV 前面为硬度值，符号 HV 后按顺序用数值表示载荷及保持时间、如 610HV30/20，表示用 30kgf 保持 20s 测定的维氏硬度值为 610。

试验一般在 10～35℃室温下进行。对温度要求严格的试验，室温应控制在（23±5）℃之内。

试样应满足以下要求。

ⅰ. 试样的试验面一般为光滑的平面、不应有氧化皮及外来污物。试验面粗糙度 R_a 一般应不大于 0.2μm。

ⅱ. 试样在制备过程中防止过热或加工硬化而改变金属的硬度值。

ⅲ. 试样或试验层厚度至少为压痕对角线平均长度的 1.5 倍。试验后、试样背面不应出现可见变形痕迹、否则试验无效。

试验时，为避开压痕周边硬化区域对试验结果的影响，因此，压痕与压痕之间、压痕与试样边缘之间应有适当的距离。对于钢、铜及铜合金，两相邻压痕中心之间的距离应不小于压痕对角线长度的 3 倍；任一压痕中心距试样边缘的距离应不小于压痕对角线的长度的 2.5 倍。对于轻金属、铅、锡及其合金，上述距离应分别不小于 6 倍和 3 倍。如果相邻两压痕大小不问，应以较大压疽确定压痕距离。每个试样至少测定 3 点硬度取其算术平均值。

压痕的对角线长度以两对角线的平均值计算。其测量的精度：当压痕对角线小于等于 0.2mm 时允许误差为 +0.01m，当压痕对角线大于 0.2mm 时，允许测量误差为 +0.5mm，如果压痕形状不规则，必须重新试验，测出压痕平均对角线长度后，然后代入上式或查表求出 HV 值。

2. 显微硬度试验

显微维氏硬度试验原理与宏观维氏硬度完全相同，只不过所用试验载荷比维氏硬度试验时小，通常在 0.01～1kgf 范围内。所得压痕对角线也只有几微米到几十微米。因此，显微硬度是研究金属微观组织性能的重要手段。常用于测定合金中不同相、表面硬化层、化学热处理渗层、镀层及金属箔等的维氏硬度。金属显微维氏硬度的符号，硬度值的计算公式及表示方法与宏观维氏硬度试验方法相同。

显微维氏硬度试验的载荷分为 0.010kgf、0.025kgf、0.050kgf、0.100kgf、0.200kgf、0.500kfg、1.000kgf 七种。尽可能选用较大的载荷进行试验。

维氏硬度试验主要适合测定各种表面处理后的渗层或镀层的硬度以及较小、较薄工件的硬度，显微维氏硬度还可用于测定合金中组成相的硬度。

与布氏及洛氏硬度试验相比，维氏硬度试验具有很多优点。由于采用的压头为四角棱锥体，当试验力改变时，压入角恒定不变。因此试验力从小到大可任意选择。所测硬度值从低到高标尺连续，不存在布氏硬度中 F/D^2 的约束，也不存在洛氏硬度那样更换不同标尺，而产生不同标尺的硬度无法统一的问题。由于四角棱锥压痕清晰，采用对角线测量，精确可靠。维氏硬度试验的缺点是硬度值测定较为麻烦，工作效率不如洛氏硬度高，所以不宜用于成批生产的常规检验。

（四）各种硬度及硬度与强度之间的换算

硬度试验是金属力学性能试验中最简单易行的一种试验入法。由于硬度试验方法很多，原理又各不相同，用某一方法或标尺测出的硬度值，常常需要换算为其他方法或标尺的硬度值，以便进行对比或通过所测的硬度来评价金属的其他力学性能。但是，金属的各种硬度之间及硬度与其他力学性能之间在理论上并无内在的联系。各种硬度值都是在特定的试验条件下测定的，用特定条件下的试验数据换算成其他试验条件下的硬度值或抗拉强度，必定存在误差。因此，在可能条件下，应尽量避免这种换算。

通过长期的实践并针对某些材料，在进行大量对比试验的基础上，通过数据处理，获得了金属材料的各种硬度值之间，硬度值与强度之间的近似对应关系。因为硬度值大小是由起始塑性变形抗力和继续塑性变形抗力决定的，材料的强度越高，塑性变形抗力越高，硬度值也就越高。

在不同材料的大量实验基础上制定了国家标准，对于黑色金属制定了国家标准 GB/T 1172《黑色金属硬度及强度换算值》。该标准表 1 所列的各钢系换算值，适用于含碳量由低到高的钢种；表 2 主要适合于低碳钢。对有色金属中分别制定了国家标准 GB/T 1166《铝合金硬度与强度换算值》及 GB/T 3771《铜合金硬度与强度换算值》。GB/T 1166 适用于变形铝合金，主要是硬铝合金、超硬铝合金以及锻造铝合金等。GB/T 3771 适用于黄铜和铍青铜。

五、力学性能试验机基本结构与使用

在金属力学性能试验中，需对试样施加载荷，加载荷的设备就是材料试验机。

材料试验机的品种、型号很多，它们的加载方式、结构特征、测力原理和使用范围各不相同。实验所用到的试验机有拉伸试验机、扭转试验机和冲击试验机、疲劳试验机、磨损试验机。前者为静载荷试验机，后者为动载试验机。

（一）拉伸试验机

拉伸试验常常在万能试验机上进行，万能试验机同时也可以做弯曲和压缩试验。

1. 万能材料试验机

在材料力学实验中，最常用的机器是万能材料试验机。它可以做拉伸、压缩、剪切、弯曲等试验。

万能材料试验机有多种类型。下面分别介绍常用的液压式万能试验机的构造、操作规程和使用时的注意事项和电子万能试验机结构原理。

① 液压式万能材料试验机的构造　液压式万能材料试验机可以做拉伸、压缩、剪切、弯曲等材料力学性能试验。国内生产的液压式万能材料试验机的型号为 WE 型。其系列产品有 WE-100、WE-300、WE-600、WE-1000 型。这几种试验机的主要技术参数见表 1-6。

表 1-6　WE 系列试验机主要技术参数

参　　数	单位	WE-100	WE-300	WE-600	WE-1000
最大试验力	kN	100	300	600	1000
测力范围及相应摆锤	kN	0～20；A 0～50；A+B 0～100；A+B+C	0～60；A 0～150；A+B 0～300；A+B+C	0～120；A 0～300；A+B 0～600；A+B+C	0～200；A 0～500；A+B 0～1000；A+B+C
拉伸夹头间最大距离	mm	600	750	750	750
可夹持试样尺寸 　矩形试样厚度×宽度 　圆形试样直径 　带间肩圆试样直径 　带螺纹试样规格	mm	15×40 $\phi6\sim22$ $\phi6,8,10$ M16	15×75 $\phi10\sim22$ $\phi11,13,18$ M16	30×80 $\phi13\sim40$ $\phi13,18$ M16	40×125 $\phi20\sim60$ $\phi24,28$ M30,M35
弯曲试验时两支点间距离	mm	10×10	$\phi10$	$\phi10$	—

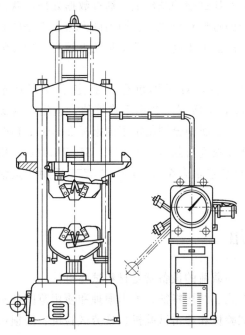

图 1-28　WE 型液压式万能材料试验机外形

液压式万能材料试验机主要由主体和测力机构两部分组成。图 1-28 和图 1-29 分别为 WE 型液压摆式万能材料试验机的外形和基本结构。

② 操作程序　主要有以下几项。

ⅰ. 先估计试样所需力的大小，选择合适的测力度盘（使试验的最大力值指示在测力度盘的 20% 以上）。

ⅱ. 开动油泵电动机，检查运转是否正常。转动送油阀手轮，打开送油阀，使工作台上升 10mm 左右，然后逐步关小送油阀。在油泵继续工作和工作台基本停止上升的情况下调整平衡铊，使摆锤上方的摆杆左侧面与标定的刻线重合。抬起摆锤检查缓冲阀是否正常。再转动齿杆，使指针对准测力度盘的"零"点，这是由于小横梁、拉杆和工作台具有相当大的重量，要有一定的油压才能将它们升起。但这部分油压并未用来给试样加载，不应反映到试样所承受的力值读数中去。

ⅲ. 安装试样。WE 型材料试验机配有一套不同形状和尺寸的夹头，见图 1-30。做拉伸试验时，可根据试样的形状、尺寸和材料软硬进行选择。试样一端夹在上夹头中，然后根据试样的长短调整下钳口座位置，将试样夹紧。做压缩或弯曲试验时，将试样分别放在承压板或弯曲支座上。

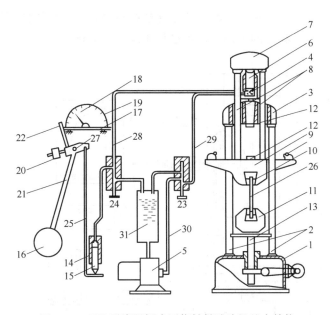

图 1-29　WE 型液压摆式万能材料试验机基本结构

1—底座；2—固定立柱；3—固定横梁；4—工作油缸；5—油泵；6—工作活塞；7—上横梁；8，25—拉杆；9—活动平台；10—上夹头；11—下夹头；12—上垫板、下垫板；13—螺杆；14—测力油缸；15—测力活塞；16—摆锤；17—齿杆；18—指针；19—测力度盘；20—平衡铊；21—摆杆；22—推杆；23—送油阀；24—回油阀；26—试件；27—支点；28，29，30—油管；31—油箱

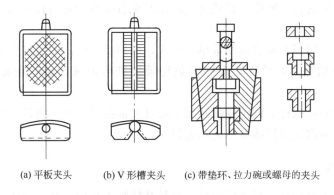

(a) 平板夹头　　　(b) V 形槽夹头　　　(c) 带垫环、拉力碗或螺母的夹头

图 1-30　万能试验机的拉伸夹头

ⅳ．开动油泵电动机，旋转送油阀，以一定速度加力。

ⅴ．试验完成后，关闭送油阀，停车取下试样。然后缓慢旋转回油阀手轮，使油缸中油液泄回油箱，工作台下降到原始位置。

2. 电子万能试验机

电子万能试验机是一种采用电子技术控制和测试的机械式万能试验机。它除了具有普通万能试验机的功能外，还具有较宽的、可调节的加力速度和测力范围，较高的变形测量精度，动态反应快，能实时显示数据和能绘制足够放大比例的拉伸曲线或其他试验曲线等特点。

图 1-31 是国产 WDS-100 型电子万能试验机的结构原理。试验机由主机、电气控制箱及测量、显示和记录装置三部分组成。主机的主要作用是实现对试样的加力。上横梁 9、滚珠丝杠 6 与工作台 4 三部分组成一个框架，活动横梁 5 用螺母与滚珠丝杠联结。当电动机 3 受

控而转动时，经主变速箱 1 及传动齿轮 2 使滚珠丝杠转动，活动横梁向下移动时，在它的上部空间可进行拉伸试验，在它的下部空间可进行压缩、弯曲试验。

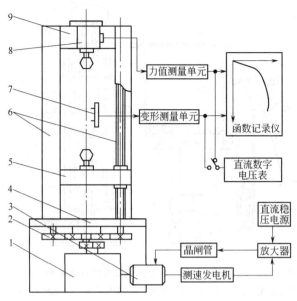

图 1-31　WDS-100 型电子万能试验机结构原理

1—主变速箱；2—传动齿轮；3—电动机；4—工作台；5—活动横梁；6—滚珠丝杠；
7—位移传感器；8—力传感器；9—上横梁

试验机活动横梁的移动速度（试验速度）由改变直流电动机的转速和变速箱的速比进行调节。

力的测量由力传感器 8 和力值测量单元组成，试样所承受的力通过传感器由力值测量系统转换成相应的电信号，经放大后通过函数记录仪进行记录或通过直流数字电压表显示出来。

变形的测量由装在试样上的位移传感器 7 通过变形测量系统，将试样的变形转换成电信号，经放大后输入函数记录仪或数字电压表显示。

（二）扭转试验机

扭转试验机用于对材料进行扭转试验，测量其转矩大小的设备。国内生产的扭转试验机有 NN 型和 NJ 型等。表 1-7 为常用的几种扭转试验机的主要技术参数。

表 1-7　常用的几种扭转试验机的主要技术参数

参　　数	单　　位	NN-05	NJ-05B
最大转矩	N·m	500	500
度盘刻度范围	N·m	0～100 0～250 0～500	0～50 0～100 0～200 0～500
主夹头转速	r/min		0.1～1
两夹头最大间距	mm	620	620
试样规格	mm	φ5～15	φ5～20

1．扭转试验机的构造

这里主要介绍 NJ-05B 型扭转试验机的构造。

NJ-05B 型扭转试验机由加力装置、测力机构和记录装置等部分组成。它的外形和系统原理见图 1-32。

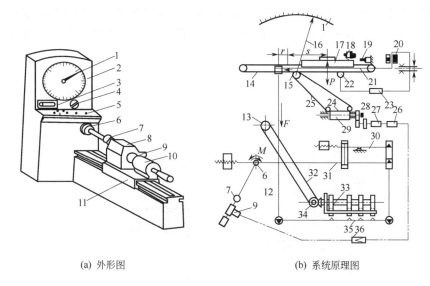

(a) 外形图　　　　　　　　　　(b) 系统原理图

图 1-32　NJ-05B 型扭转试验机

1—扭转度盘；2—测力箱体；3—绘图机构；4—度盘选择旋钮；5—操纵台；6—夹头；7—主夹头；8—减速箱；
9—自整角发送机；10—主电动机；11—溜板；12—拉杆；13—手轮；14—钢丝；15—绳轮；16—指针；17—游铊；
18—挡铁；19—限位开关；20—差动变压器；21—平衡杠杆；22—伺服电动机；23，36—放大器；24—记录笔；
25—钢丝绳；26—伺服电动机；27—自整角变压器；28—齿轮副；29—记录筒；30—反向杠杆；
31—杠杆；32—链条；33—凸轮轴；34—锥齿轮；35—变支点杠杆

2．操作程序

ⅰ．根据试样材料及断面尺寸估算试样断裂时所需最大转矩，并选好合适的度盘（最好使试验时的转矩的下限值不小于该度盘最大转矩的 10％）。

ⅱ．根据试样尺寸选择夹块和衬套，然后装上试样、塞入夹块，夹紧试样。

ⅲ．选定主夹头的转速。旋转主夹头上的刻度环调整指针，使之指于度盘零点。根据需要确定主夹头旋转方向，如需使用记录仪绘图，则应打开记录仪开关。

ⅳ．准备工作完毕后按下启动按钮，开车试验。这里请注意：在屈服点前须用低速加力。对于过屈服后的塑性材料可用高速加力。

ⅴ．实验断裂后立即停机，记录下指针所指示的转矩及刻度环上所指示的扭转角。整圈数可在试验前在试样表面沿轴线方向画一直线，试验后数此线的圈数即可。

ⅵ．若试样未断裂，可反向转动卸力，退出主夹头。

（三）摆锤式冲击试验机

冲击试验机根据冲击方式的不同，可分为落锤式、摆锤式和回转圆盘式冲击试验机。根据试样受力状态的不同，又分为弯曲冲击拉伸冲击和扭转冲击等试验机。由于摆锤式弯曲冲击试验机（通常称为摆锤式冲击试验机）具有结构简单、操作方便、冲击能量易于测定及试样易于加工等优点，因而得到广泛应用。这里的试验即采用摆锤式冲击试验机。

国内生产的摆锤式冲击试验机的型号主要有 JB-300、JB-300A 和 JB-300B 等数种。下面以 JB-300A 型冲击试验机为例，介绍其结构和操作程序。

1. JB-300A 型冲击试验机的结构

JB-300A 型冲击试验机由机架、摆锤、指示装置、机械扬摆机构和摆轴制动机构等部分组成，摆锤的冲击能量有两种：150J 和 300J，可根据材料冲击韧性的不同而选择使用。其结构见图 1-33。

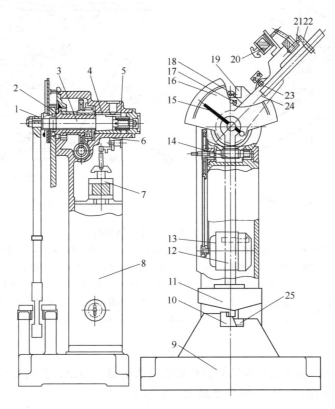

图 1-33   JB-300A 型冲击试验机结构示意

1—拨针；2—轴套；3—主轴；4—制动套；5—弹簧；6—杠杆；7—电磁铁；8—立柱；9—底座；10—试样支座；
11—摆锤；12—摆杆；13—电动机；14—涡轮副；15—指针；16—底盘；17—横轴；18—螺钉；
19—微动开关；20—电磁铁；21—插销；22—挂钩；23—微动开关；24—摆臂；25—压块

2. 操作程序

ⅰ. 根据所测试样的冲击韧性值的大小，选择度盘刻度（应使试样的冲击能量指示值在刻度盘的 10％～90％范围内），并装好相应的摆锤。

ⅱ. 打开电源开关。

ⅲ. 检查摆锤空打时，指针是否平稳地指零，其偏差应不大于最小分度的 1/4。

ⅳ. 按"取摆"按钮，扬起摆锤。同时，将指针拨至度盘的最大刻度处。

ⅴ. 将试样用样板正确地安放在试样支座上，应保证试样缺口位置居中。

ⅵ. 按下"冲击"按钮，摆锤下落，冲断试样。

ⅶ. 当指针指示出试样的冲击吸收功后，按下"制动"按钮，使摆锤停摆。

ⅷ. 在度盘上读取试样的冲击吸收功 A_{KV}（或 A_{KU}）。

（四）疲劳试验机

疲劳试验机的种类很多，可以从不同角度来分类。目前较为普遍的是根据试样所承受的应力状态来分类，计有旋转弯曲疲劳试验机、平面弯曲疲劳试验机、抗压疲劳试验机、扭转疲劳试验机和多轴（复合应力）疲劳试验机等。此外，也有根据试验的频率范围将其分为高频疲劳试验机和低频疲劳试验机的。随着工业技术的发展，疲劳试验机的加载方式由最初的机械式加载，逐步发展到液压加载、电磁激振加载、气动加载以及电-液联合加载等先进加载方式，从而使疲劳试验机的加载能力和频率范围有很大提高。特别是电子计算机的发展和应用，使疲劳试验机又向程序加载和随机加载方向迈进了一大步。

本实验使用的是较为常用的旋转弯曲疲劳试验机，且为纯弯曲式 PQQ-60 型疲劳试验机。

1. PQQ-60 型弯曲疲劳试验机的结构

PQQ-60 型弯曲疲劳试验机具有结构简单、精度较高、使用可靠等特点。具体结构见图1-34。

左右主轴箱是试验机的主要部件，两者结构相同，右边的是主动轴箱，左边的是从动轴箱。图 1-35 左主轴箱结构。

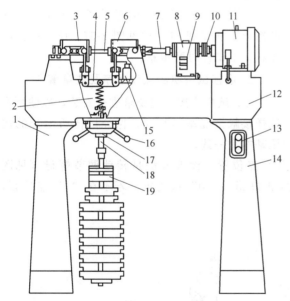

图 1-34　PQQ-60 型纯弯曲疲劳试验机结构示意

1—支架；2—弹簧；3—主轴箱；4—横杆；5—试样；
6—主轴箱；7—连接轴；8—减速箱；9—计数器；
10—联轴节；11—电动机；12—机身；13—按钮开关；
14—支架；15—停车按钮；16—手轮；17—空心螺杆；
18—拉杆；19—砝码

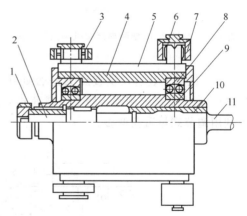

图 1-35　左主轴箱结构

1—螺钉；2—心轴；3—球轴承；4—轴体；5—支架；
6—滚针轴承；7—卡箍；8—向心轴承；9—空心
主轴；10—弹性夹头；11—试样

2. 操作程序

ⅰ．安装试样。将试样装入主轴箱牢固夹紧。为使试样与主轴同心，在装好试样后应检查试样的径向跳动量。其方法是将百分表支架放在试样附近的机身平面上，慢慢转动主轴，在试样两端及中间部分观察百分表指针的跳动量，其跳动量不得超过 0.03mm。试样空载运转时，在主轴箱加力部位测定的径向跳动量不得超过 0.06mm。如果超差，可反复装夹和调整试样，直至达到上述要求。

ⅱ．根据试验所要求的弯曲应力，计算作用于试样上的载荷。在加砝码时应考虑到吊杆、连接杆、拉杆及托盘的自身的重力。对于 PQQ-60 型疲劳试验机为 120N。

ⅲ．将计数器清零或记下计数器的初读数值。启动电动机，并转动手轮对试样加载，进行试验，试样循环周次可从计数器上直接读出或计算出。

（五）磨损试验机

1. 磨损试验机的基本结构

磨损试验机是检测材料耐磨性的试验设备。磨损试验机种类很多，一般都由加力装置、力矩测量装置及装夹试样装置等部分组成。现以使用较多的 MM-2000 型磨损试验机为例，介绍其基本结构。

MM-2000 型磨损试验机能进行滑动、滚动或滚滑复合磨损试验。它的加力范围分为两档：0～300N 和 300～2000N。试验转速（下试样的转速）也有两档：200r/min 和 400r/min。MM-2000 型磨损试验机加力装置示意见图 1-36。其摩擦力矩测试机构示意见图 1-37。图 1-38 为圆盘状上下试样对磨示意。

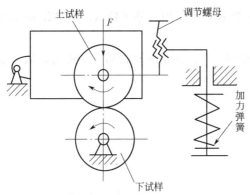

图 1-36　MM-2000 型磨损试验机加力装置示意

2. 磨损试验机的操作程序及注意事项

ⅰ．试样应按一定要求进行安装，以使所有试样接触情况基本相同，保证试样所承受的比压基本上一致。

ⅱ．试样安装后，检查压力是否处在"0"点位置。检查方法是转动调节螺母（见图 1-36），当上下试样刚刚接触上，载荷指针应正好指在"0"点位置。若不在"0"点位置，需利用调节螺母重新调整。

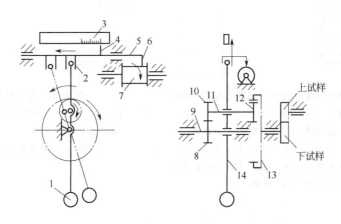

图 1-37　MM-2000 型磨损试验机摩擦力矩测试机构示意

1—重锤；2—拨叉；3—标尺；4—指针；5—拉杆；6—画针；7—描绘筒；
8，10，12—齿轮；9，11—轴；13—内齿轮；14—摆架

ⅲ．按选好的运转速度开机运转。

ⅳ．开机后再开始加载。转动加载弹簧上的螺母加载到规定数值时，开始记录磨损时间。

ⅴ．若是润滑磨损必须在开机前对试样进行润滑。

ⅵ．磨损试验过程中不应随意停机。尤其在润滑条件下停机或启动时，由于摩擦表面的润滑条件改变，会产生试验误差。

ⅶ．试验过程中，每隔一段时间（30～60min）记录一次摩擦力矩。当上下试样磨合后，力矩进入稳定状态，用此时的力矩计算摩擦系数。

ⅷ．磨损试验结束时，应先卸载再停机。

ⅸ．取下试样（上、下试样），用酒精或丙酮将其洗净烘干后再秤其重量。

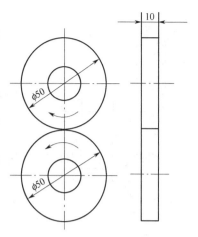

图 1-38　圆盘状上下试样对磨示意

六、力与变形的测量和记录仪器的使用

在力学性能试验中主要测定试样所承受的试验力和所产生的变形以及它们的关系。

在一般的情况下，试验机的测力度盘可以直接显示试验力的大小。对于变形的测量以及试验力和所产生的变形的关系，当精度要求高时，常常借助于测量和记录仪器。

（一）引伸计

引伸计是金属力学性能试验中常用的一种精密仪器，用于测量试样的微量变形。引伸计主要有机械式和光学引伸计两种。它一般由感受变形部分、变形放大部分和指示机构三部分组成。

引伸计的主要性能参数是：标距、放大倍数和量程。

引伸计根据其精度不同分为五个等级，各等级精度要求见表1-8。

表1-9为拉伸试验时，测量不同性能指标时应选用的引伸计的等级。

表 1-8　引伸计的等级标准

等　级	标距的最大允许偏差×100	应变示值的最大允许误差①×100	进回程示值的最大允许相对误差②×100
A	±0.25	±0.00001	±0.3
B	±0.5	±0.00005	±0.3
C	±1.0	±0.0001	±0.5
D	±1.0	±0.0002	±0.5
E	±1.5	±0.001	±1.0

表 1-9　拉伸试验时引伸计等级的选用

测 试 项 目	规定的伸长率×100	允许使用的最低等级
σ_p、σ_r	≤0.05	B
	>0.05～<0.2	C
	≥0.2	D
σ_s、σ_{su}、σ_{sl}、δ_s、δ_g		D

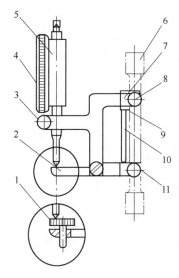

图 1-39 Y 型引伸计结构

1—调整螺钉；2—等臂杠杆；3—螺钉；
4—Y 型支架；5—计量表；6—试样；
7—试样支座；8—尖头螺钉；9—螺帽；
10—调距螺钉；11—尖头螺钉

这里就以 Y 型引伸计为例介绍较为常用的机械式引伸计。

1. Y 型机械式引伸计的结构

Y 型引伸计是一种表式引伸计，其结构见图 1-39。

Y 型引伸计通过百分表或千分表将变形放大 100 倍或 1000 倍。其标距为 50mm。

2. Y 型引伸计的使用

使用引伸计前，用调距螺钉调整两对尖头螺钉间的距离，使标距准确。然后按此标距将引伸计装卡在试样上。当表杆和等臂杠杆接触后，转动表盘，使大指针对"零"，杠杆端头上的调整螺钉用以调整表的使用段。

3. 注意事项

ⅰ. 放引伸计时，应使计量表的表头向上，以防表头固定不牢而脱落摔坏。

ⅱ. 紧尖头螺钉时，一定要使等臂杠杆臂紧靠调距螺钉。

ⅲ. 测量的变形量不得超过引伸计规定的量程范围。

（二）动态电阻应变仪

动态电阻应变仪是测量应变的仪器。其功能是将电阻应变片感受的应变由电桥输入，经放大后向记录仪器输入模拟应变的电压或电流变化信号。由于在力学性能测试中应力与应变都是随时间而变化的，所以须用动态电阻应变仪作为测量放大器。

1. 动态电阻应变仪的基本组成部分

动态电阻应变仪是采用交流电桥、载波放大的原理工作的。它由测量电桥、标定电桥、振荡器、放大器、相数检波器及滤波器等部分组成，其原理框图见图 1-40。

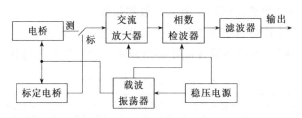

图 1-40　动态电阻应变仪电路原理框图

2. YD-15 型动态电阻应变仪的使用方法

动态电阻应变仪一般都做成多通道的，以便在同一时间内测取几个点的动应变。YD-15 型动态电阻应变仪共有 4~8 个通道，每一个通道都是一个独立的测量系统。在金属力学性能测试中一般只使用两个通道，分别测力和位移的变化。

图 1-41 为 YD-15 型动态电阻应变仪一个通道的面板图。为能正确使用该仪器，现将面板上的表和各种旋钮的作用简介如下。

面板上部有电表，表中指针指于"零"处，表示测量电桥处于平衡状态。"R"和"C"分别为电阻和电容平衡旋钮，用以调整测量电桥的平衡。"衰减"旋钮是为适应测量不同大小的应变而用的。当它置于"1"时，全部信号都输入；当置于"100"时，信号衰减 100

倍。"标定"旋钮是作输出波的标定读数用的，旋钮所对应的数值是微应变（$\mu\varepsilon$）值，"灵敏度"调节旋钮的作用与"衰减"旋钮相同，只不过是起微调作用而已。

（1）桥路联接

用电桥盒联接，电桥盒内部接线图见图 1-42（a）。接线柱 5—8 和 7—8 间分别接有 120Ω 电阻，作为半桥联接时的机内电阻。因此，作半桥测量时，工作电阻应变片 R_1 和补偿电阻应变片 R_2 分别接在 1—2 和 2—3 接线柱上，然后将 1—5、3—7 和 4—8 分别用短路片短接，如图 1-42（b）所示。如作全桥测量时，则按图 1-42（c）接线，将各接线柱间的短路片取下，直接将工作片 R_1 和 R_3 及补偿片 R_2 和 R_4 分别接在 1—2、3—4、2—3 和 1—4 接线柱上即可。

（2）仪器联接

ⅰ．将电桥盒的插头插入应变仪后面板下部的"输入"端，将插头拧紧。

ⅱ．当使用 X-Y 函数记录仪时，将输出线插塞插入应变仪后面板的"低阻输出"插孔中，另一端的接线叉接在 X-Y 函数记录仪输入接线柱上，红柄接线叉为正，黑柄为负。

ⅲ．将电源线的三芯插头插入 YD-15 型电源箱背后的"输入"插座内，并拧紧插头。

ⅳ．接线完毕，在接通电源之前，再检查一下各开关的位置。如电源箱面板上的"电源开关"应在关的位置上；应变仪面板上的"衰减"、"标定"旋钮指在"0"位置上。

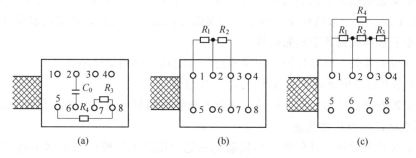

图 1-42　电桥盒接线

（3）平衡调节

ⅰ．将电源线的插头插入 220V 插座中，打开电源箱上"电源开关"，此时指示灯燃亮。面板上的电压表稳定指示在 24V 上。通电后将仪器预热 20min。

ⅱ．分别调节每一个通道中电桥的平衡，调节时将"衰减"旋钮依次拨至 100、30、10、3、1 各挡，同时拨动"预"和"静"开关，分别调节"R"和"C"，使电表指针在"预"和"静"位置时，指针都指"0"。

（4）标定

标定信号是测量信号的标尺。可利用"标定"旋钮指示的数值对不同衰减挡的应变进行标定，以便衡量被测应变信号的大小。在力学性能测试中，可利用试验机测力度盘指针所指的力值及标定器所指变形值分别对力传感器及位移传感器的信号进行标定。

（三）X-Y 函数记录仪

X-Y 函数记录仪是一种通用的笔式记录仪器，它可以在直角坐标系中自动描绘两个电量的函数关系曲线图。在金属力学性能测试中主要用于记录 F-ΔL 和 F-V 曲线，也是经常使用用的仪器之一。下面就以 LZ-3 型函数记录仪为例介绍其使用方法和注意事项。

1. 使用方法

LZ-3 型函数记录仪的外形见图 1-43。其操作步骤如下。

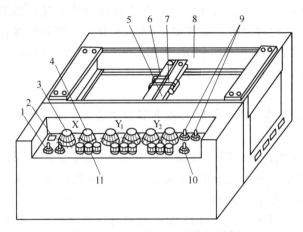

图 1-43　LZ-3 型 X-Y 函数记录仪

1—电源开关；2—X-Y 开关；3—量程选择旋钮；4—调零旋钮；5—滑动架；6—Y_1 记录笔；
7 Y_2 记录笔；8—记录纸；9—记录笔使用开关；10—记录开关；11—界限柱

ⅰ. 将由动态电阻应变仪输出的被测信号（也可以是其他电信号）分别接到 X-Y 记录仪面板上 X 和 Y 的＋、一接线柱上，将＋、一接线柱用连接板连接，并将仪器良好接地。

ⅱ. 将量程选择旋钮置于短路位置。

ⅲ. 打开电源开关。稍等片刻，用调零旋钮将纪录笔调到坐标原点。

ⅳ. X 用作电信号记录时将 X-Y 开关置于 X 位置。

ⅴ. 将量程选择旋钮由大到小转动，用调零旋钮逐档调节仪器平衡，使记录笔对准坐标原点，直到合适的量程位置为止。

ⅵ. 将记录开关扳向记录位置，再扳动记录笔使用开关，使记录笔落下与坐标纸接触，即可进行工作。

2. 使用时注意事项

ⅰ. 本仪器用于测量直流信号，使用时应排除交流干扰，否则将影响仪器正常工作。

ⅱ. 仪器的增益和阻尼，在出厂时均已调好，非必要时不要随意调节。

ⅲ. 纪录笔在每次使用完毕后必须清洗，以防堵塞。

ⅳ. 仪器必须注意防尘，否则将影响精度。

ⅴ. 测量时要防止信号过载，以免损坏电动机。

七、力学性能试验的试样

为了试验数据的准确性和可比性，相关国家标准对力学性能试验所用试样的形状、尺寸、机加工要求做了统一而明确的规定。可以根据实际需要进行选择。

（一）拉伸试样

拉伸试样根据截面不同主要分为圆形和矩形两种，其形状及精度要求如图 1-44 所示。

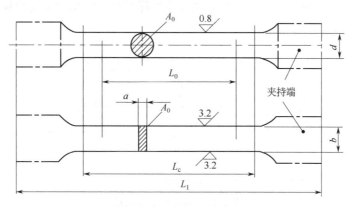

图 1-44　圆形和矩形试样的形状及精度要求

由于试件的形状和尺寸对实验结果有一定的影响，为便于互相比较，应按统一规定加工成标准试件。按国家有关标准的规定，拉伸试件分为比例试件和非比例试件两种。试样的主要尺寸及允许偏差分别见表 1-10 和表 1-11。在试件中部，用来测量试件伸长的长度，称为原始标距（简称标距）。比例试件的标距 l_0 与原始横截面面积 A_0 的关系规定为

$$l_0 = K \sqrt{A_0}$$

式中系数 K 的取值为 5.65 时为短试件，取 11.3 时为长试件。对直径为 d_0 的圆截面试

表 1-10　圆横截面比例试样

d/mm	r/mm	$K=5.65$			$K=11.3$		
		L_0/mm	L_c/mm	试样编号	L_0/mm	L_c/mm	试样编号
25				R1			R01
20				R2			R02
15				R3			R03
10	$\geqslant 0.75d$	$5d$	$\geqslant L_0 + d/2$	R4	$10d$	$\geqslant L_0 + d/2$	R04
8			仲裁试验：$L_0 + 2d$	R5		仲裁试验：$L_0 + 2d$	R05
6				R6			R06
5				R7			R07
3				R8			R08

表 1-11　薄板（带）矩形横截面比例试样

b/mm	r/mm	$K=5.65$				$K=11.3$			
		L_0/mm	L_c/mm		试样编号	L_0/mm	L_c/mm		试样编号
			带　头	不带头			带　头	不带头	
10					P1				P01
12.5	$\geqslant 20$	$5.65\sqrt{S_0} \geqslant 15$	$\geqslant L_0 + b/2$	$L_0 + 3b$	P2	$11.3\sqrt{S_0} \geqslant 15$	$\geqslant L_0 + b/2$	$L_0 + 3b$	P02
15			仲裁试验：$L_0 + 2b$		P3		仲裁试验：$L_0 + 2b$		P03
20					P4				P04

件，短试件和长试件的标距 l_0 分别为 $5d_0$ 和 $10d_0$。非比例试件的 l_0 和 A_0 不受上述关系限制。本实验采用圆截面的长试件，即 $l_0 = 5d_0$。

（二）扭转试验试样

扭转试验试样分为圆柱型实心试样和圆管型试样两种。本实验采用圆柱型实心试样，其形状和尺寸见图 1-45。

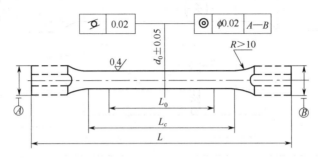

图 1-45　圆柱型实心试样

试样的头部形状和尺寸应适合试验机夹头夹持。推荐采用直径 d 为 10mm，标距长度 L_0 分别为 50mm 和 100mm，平行部分长度 L_c 分别为 70mm 和 120mm 的试样。如采用其他直径的试样，其平行长度应为标距加上两倍直径。

由于扭转试验时试样外表面切应力最大，对于试样表面的细微缺陷比较敏感，因此，对试样表面的粗糙度要求较拉伸试样高。规定为 $R_a 0.4 \mu m$。

（三）冲击试验试样

按照国家标准（GB 229—84 及 GB 2106—80）规定，低碳钢或中碳钢的冲击试验采用夏比缺口冲击试样，根据其缺口的类型可分为夏比 V 形缺口试样和缺口深度分别为 2mm 和 5mm 的夏比 U 形缺口试样，3 种标准冲击试样的形状和尺寸如图 1-46、图 1-47 和图 1-48 所示。

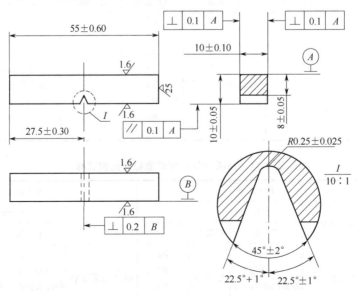

图 1-46　标准夏比 V 形缺口冲击试样

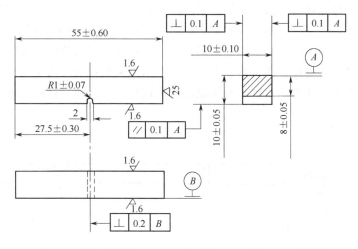

图 1-47　缺口深度为 2mm 的标准夏比 U 形缺口冲击试样

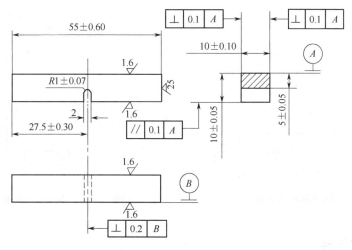

图 1-48　缺口深度为 5mm 的标准夏比 U 形缺口冲击试样

　　如果试验材料的厚度在 10mm 以下而无法制备标准试样时，可采用宽度 7.5mm×10mm×55mm 或 5mm×10mm×55mm 等小尺寸辅助试样。小尺寸试样的其他尺寸及公差与相应缺口的标准试样相同。缺口应开在试样的窄面上。

　　由于冲击试样的缺口深度、缺口根部曲率半径及缺口角度决定着缺口附近的应力集中程度，从而影响该试样的冲击吸收功，试验前应检查这几个尺寸参数。此外，缺口底部表面质量也很重要，缺口底部应光滑，不应出现与缺口轴线平行的加工痕迹和划痕。

　　另外，因为冲击试样的尺寸及缺口形状对冲击韧性值影响非常大，所以不同形式试样的冲击韧性值之间不能相互对比，也不能互换。在冲击试验报告中必须注明试样形状及尺寸。

（四）疲劳试验试样

　　疲劳试验试样的型式和尺寸，随试验机型号不同和载荷性质的不同而不同，并且与材料强度高低有关。其中旋转弯曲疲劳试验方法较为简单、实用、应用最广。旋转弯曲疲劳试样分为圆柱形光滑试样、圆柱漏斗形试样和圆柱形缺口试样三种。标准的光滑圆柱形试样和圆柱漏斗形试样见图 1-49，其直径 4 为 6.0mm、7.5mm、9.5mm。圆柱形缺口试样见图 1-50。试

样的夹持部分 D 的尺寸视试样试验部分的截面尺寸而定，夹持部分截面面积与试验部分的截面尺寸之比应大于 1.5。具体可参考 GB 4337—84 "金属旋转弯曲疲劳试验方法"。

对于淬火回火处理的试件可采用光滑试样；对于屈强比较低的中低碳钢退火试件，应采用漏斗形试样，以防试验时试样发热变形以致试验结果无效；如果为了研究实际构件中存在的应力集中对疲劳强度的影响，则可采用缺口试样进行试验。缺口试样的形状和尺寸可参阅 GB 4337—84。

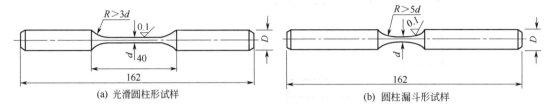

(a) 光滑圆柱形试样   (b) 圆柱漏斗形试样

图 1-49 光滑圆柱形及漏斗形疲劳试样

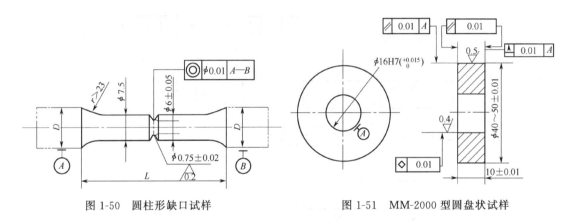

图 1-50 圆柱形缺口试样   图 1-51 MM-2000 型圆盘状试样

（五）磨损试验试样

磨损试验所用试样的形状及尺寸与试验机的类型有关。MM-2000 型磨损试验机是上下试样对磨式磨损试验机。需试验的试样为下试样，它的形状为圆盘形，如图 1-51 所示。

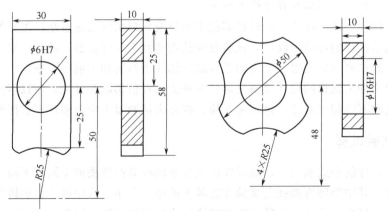

图 1-52 MM-2000 型轴瓦状上试样

上试样常用的有圆盘状（尺寸和形状与下试样同）、块状和轴瓦状三种。分别实用于滚动摩擦、线接触滑动摩擦及面接触滑动摩擦试验。圆盘状试样对磨示意见图 1-38。轴瓦状试样的形状和尺寸及对磨示意见图 1-52、图 1-53。块状试样的形状和尺寸及对磨示意见图 1-54 所示。

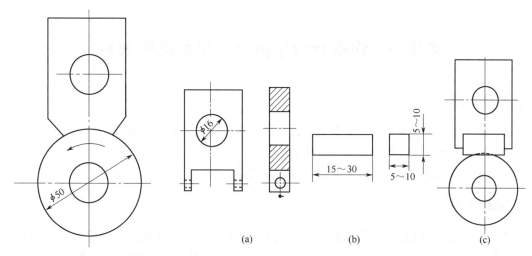

(a)　　　　　　　(b)　　　　　　　(c)

图 1-53　轴瓦状试样对磨示意　　　　图 1-54　MM-2000 型长条状上试样和对磨示意

第二部分

工程材料基本实验

实验一　铁碳合金平衡图与平衡组织观察

一、实验目的

　ⅰ. 观察和研究铁碳合金（碳钢和白口铁）在平衡状态下的显微组织；

　ⅱ. 分析含碳量对铁碳合金显微组织的影响；

　ⅲ. 加深理解成分、组织与性能之间的相互关系。

二、实验原理

　　铁碳合金的显微组织是研究和分析钢铁材料性能的基础，铁碳合金平衡组织是指合金在极为缓慢的冷却条件下（如退火状态、即接近平衡状态）所得的组织，其相变过程均按 $Fe\text{-}Fe_3C$ 相图进行，所以可以根据该相图来分析铁碳合金在平衡状态下的显微组织（见图 2-1）。

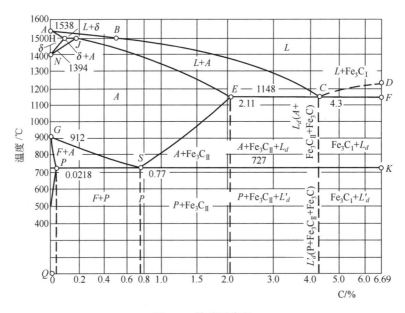

图 2-1　铁碳平衡相

　　铁碳合金的平衡组织主要是指碳钢和白口铸铁组织，含碳量小于 2.11% 的合金为碳钢，大于 2.11% 的合金为白口铁。所有碳钢和白口铁在室温下的组织均由铁素体（F）和渗碳体（Fe_3C）这两个基本相组成。只是因含碳量不同，铁素体和渗碳体的相对数量、析出条件以及分布情况可各有所不同，因而呈各种不同的组织形态。对碳钢和白口铸铁显微组织的观察和分析，有助于加深对 $Fe\text{-}Fe_3C$ 相图的理解。

1. 碳钢和白口铸铁在金相显微镜下的基本组织

碳钢和白口铸铁在金相显微镜下具有下面几种基本组织。

（1）铁素体（F）

铁素体是碳在体心立方的 α-Fe 中的间隙固溶体。最大固溶度为 0.0218%，铁素体中的部分铁原子也可能被硅、锰、镍、碳等原子所置换；除了碳原子外，氮原子等也可以间隙形式固溶于铁素体中，其固溶度也是很小的。铁素体在钢中是硬度最低的相。根据铁素体的显微形貌可分为：等轴铁素体、细晶铁素体、板条状铁素体、片状铁素体、块状铁素体和魏氏组织铁素体等。用 3%～4%硝酸酒精溶液侵蚀后，在光学显微镜下，可看到视场内全部呈现白亮色的晶粒组成。在亚共析钢中，铁素体呈块状分布；当含碳量接近共析成分时，铁素体则成网状分布于珠光体周围。铁素体具有磁性及良好的塑性。

（2）渗碳体（Fe_3C）

渗碳体是铁与碳形成的一种化合物，其含碳量为 6.69%。钢中元素锰、铬等也可置换渗碳体内的铁，形成合金渗碳体。渗碳体具有很高的硬度，维氏硬度约 950～1050。当用 3%～4%硝酸酒精溶液侵蚀后，渗碳体呈白亮色，若用苦味酸钠溶液侵蚀后，则渗碳体呈黑色而铁素体仍为白亮色。由此可区别铁素体和渗碳体。

按铁碳合金成分和形成条件不同，渗碳体呈现不同形态：一次渗碳体（初生相）直接由液体中析出，在白口铁中成粗大的条片状；二次渗碳体（次生相）从奥氏体中析出，呈网状沿奥氏体晶界分布；经球化退火，渗碳体呈颗粒状；三次渗碳体是由铁素体中析出的，通常呈不连续薄片状存在于铁素体晶界处，数量极少。

（3）珠光体（P）

珠光体是铁素体和渗碳体的机械混合物，其组织是共析转变的产物。由杠杆定律可以求得铁素体和渗碳体的重量比约为 7.9：1。因此，铁素体厚，渗碳体薄。

① 片状珠光体　是铁素体和渗碳体相互混合交替排列形的层片状组织。在硝酸酒精溶液腐蚀下，铁素体溶解的速率比渗碳体大，因而渗碳体凸起。铁素体和渗碳体对光的反射能力相近，因此在明视场照明条件下两者都是明亮的，只是相界呈暗灰色。

② 球状珠光体　它是由铁素体及分部于其中的渗碳体颗粒所组成。在硝酸酒精溶液腐蚀下，组织为在亮白色的铁素体基体上，均匀分布着白色的渗碳体颗粒，其边界呈暗黑色。

上述各类组织组成物的力学性能见表 2-1。

表 2-1　各类组织组成物的力学性能

组 成 物	性 能				
	硬度/HB	抗拉强度 σ_b/MPa	断面收缩率 ψ/%	相对延伸率 δ/%	冲击韧性 A_k/J
铁素体	60～90	120～230	60～75	40～50	160
渗碳体	750～820	30～35	—	—	0
片状珠光体	190～230	860～900	10～15	9～12	24～32
球状珠光体	160～190	650～750	18～25	18～25	27～32

（4）莱氏体（L_d）

室温时，是珠光体、二次渗碳体和共晶渗碳体所组成的机械混合物。它是由含碳量 4.3%的液体共晶白口铁在 1148℃共晶反应形成的共晶体（奥氏体和共晶渗碳体），其中在刚形成时，由细小的奥氏体与渗碳体两相混合物组成，奥氏体在继续冷却时不断析出二次渗碳体，在冷却到727℃时，奥氏体的含碳量改变到0.77％时，通过共析转变而形成珠光体。因此，莱氏体组织由珠光体和渗碳体组成。在硝酸酒精溶液腐蚀下，莱氏体是在白亮色的渗碳体的基体上相间地分布着暗黑色斑点及细条状的珠光体。

2. 典型铁碳合金在室温下显微组织特征

（1）工业纯铁

含碳量小于0.0218％的铁碳合金通常称为工业纯铁。当工业纯铁的含碳量小于0.008％时，其显微组织为单相铁素体；当工业纯铁的含碳量大于0.008％时，其显微的组织为铁素体和极少量的三次渗碳体。三次渗碳体由铁素体中析出，沿铁素体晶界。在硝酸酒精溶液腐蚀下，白亮色基体是铁素体的不规则等轴晶粒，有的晶粒呈暗色，是由于不同晶粒受腐蚀的程度不同造成的，黑色线条是铁素体的晶界，在晶界上存在少量三次渗碳体时，呈现出白色的不连续的网状，由于量少，有时看不出来。见图2-2。

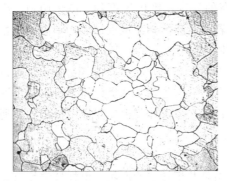

图2-2 工业纯铁 400×

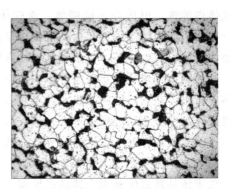

图2-3 20钢 400×

（2）碳钢

碳钢按含碳量不同可分为共析钢、亚共析钢和过共析钢，其显微组织特征如下。

① 亚共析钢 含碳量在0.0218％～0.77％范围内的铁碳合金，其显微组织由先共析铁素体和珠光体组成，随着含碳量的增加，铁素体的数量逐渐减少，而珠光体的数量则相应地增多。接近共析成分时，铁素体在珠光体周围呈网状分布。在硝酸酒精溶液腐蚀下，白色为铁素体，暗黑色为珠光体。见图2-3、图2-4、图2-5。

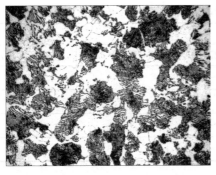

图2-4 45钢 400×

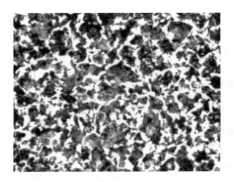

图2-5 65钢 400×

② 共析钢 含碳量为0.77％的铁碳合金，其显微组织由单一的珠光体组成。在硝酸酒精溶液腐蚀时，在高倍下，铁素体和渗碳体都是明亮的，只是相界呈暗灰色；在低倍下，铁

素体和渗碳体的相界已无法分辨，而呈黑色条状。见图 2-6、图 2-7。

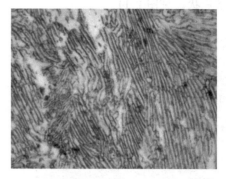

图 2-6　T8 钢　400×　　　　　　　　图 2-7　T8 钢　1000×

　　③ 过共析钢　含碳量为 0.77%～2.11% 之间的铁碳合金。其显微组织为珠光体和先共析渗碳体（二次渗碳体）组成。钢中含碳量越多，二次渗碳体越多。在硝酸酒精溶液腐蚀时，珠光体呈暗黑色、二次渗碳体呈白色网状。用苦味酸溶液染色，二次渗碳体可呈黑色网状。见图 2-8。

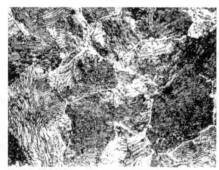

侵蚀剂：3%～4% 硝酸酒精溶液　　　　　　　侵蚀剂：碱性苦味酸钠

图 2-8　T12 钢　400×

3. 白口铸铁

含碳量大于 2.11% 的铁碳合金叫白口铸铁。其中的碳以渗碳体的形式存在，断口呈白亮色。

　　① 亚共晶白口铁　含碳量小于 4.3% 的白口铁称为亚共晶白口铁，其显微组织为珠光体和二次渗碳体及莱氏体。在硝酸酒精溶液腐蚀时，珠光体呈黑色枝晶状，莱氏体呈斑点状，二次渗碳体与共晶渗碳体混在一起，不易辨清，见图 2-9。

　　② 共晶白口铸铁　含碳量为 4.3% 的白口铸铁称为共晶白口铸铁，其显微组织由单一的共晶莱氏体组成。在硝酸酒精溶液腐蚀时，珠光体呈暗黑色细条及斑点状，共晶渗碳体呈白亮色。见图 2-10。

　　③ 过共晶白口铸铁　含碳量大于 4.3% 的白口铸铁称为过共晶白口铸铁，其显微组织由一次渗碳

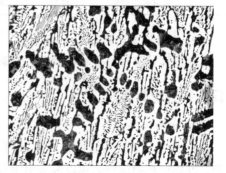

图 2-9　亚共晶白口铁　400×

体和莱氏体组成。在硝酸酒精溶液腐蚀时，莱氏体呈暗色斑点状、一次渗碳体呈白亮色的粗大条片状。见图 2-11。

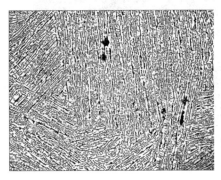

图 2-10　共晶白口铁　400×

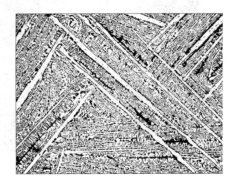

图 2-11　过共晶白口铁　400×

三、实验方法和指导

1. 实验内容及步骤

ⅰ. 观看多媒体计算机演示碳钢的各种组织，并分析其组织形态的特征。

ⅱ. 在显微镜下观察和分析表 2-2 铁碳合金的平衡组织。并画出示意图。

表 2-2　铁碳合金平衡组织

编　号	材　料	显 微 组 织	侵 蚀 剂
1	工业纯铁	铁素体(F)	3%～4%硝酸酒精溶液
2	20 钢	铁素体(F)＋珠光体(P)	3%～4%硝酸酒精溶液
3	45 钢	铁素体(F)＋珠光体(P)	3%～4%硝酸酒精溶液
4	65 钢	铁素体(F)＋珠光体(P)	3%～4%硝酸酒精溶液
5	T8 钢	珠光体(P)	3%～4%硝酸酒精溶液
6	T12 钢	珠光体(P)＋二次渗碳体(Fe_3C_{II})	3%～4%硝酸酒精溶液
7	T12 钢	珠光体(P)＋二次渗碳体(Fe_3C_{II})	碱性苦味酸钠
8	亚共晶白口铁	莱氏体(L_d)＋珠光体(P)＋二次渗碳体(Fe_3C_{II})	3%～4%硝酸酒精溶液
9	共晶白口铁	莱氏体(L_d)	3%～4%硝酸酒精溶液
10	过共晶白口铁	莱氏体(L_d)＋一次渗碳体(Fe_3C_I)	3%～4%硝酸酒精溶液

2. 实验设备和材料

多媒体计算机，金相显微镜，铁碳合金的平衡组织试样一套及照片。

四、实验报告要求

1. 实验目的

2. 画出所观察的显微组织示意图，并标明：材料名称、状态、组织、放大倍数、侵蚀剂。并将组织组成物名称以箭头引出标明。

3. 根据所观察的显微组织近似确定一种亚共析钢的含碳量。

五、思考题

1. 如何区别亚共析钢中的铁素体和过共析钢中的渗碳体？
2. 铁碳合金平衡组织中，有哪几种不同形态的渗碳体？其对铁碳合金的性能有什么影响。

实验二　碳钢的热处理操作与 C 曲线应用

一、实验目的

ⅰ. 掌握碳钢基本热处理工艺（退火、正火、淬火、回火）的操作方法；

ⅱ. 研究碳含量、加热温度、冷却速度、回火温度对碳钢热处理后性能（硬度）的影响；

ⅲ. 了解不同冷却方式对碳钢的性能的影响，熟悉 C 曲线及其应用。

二、实验原理

热处理是一种重要的金属加工工艺方法，也是充分发挥金属材料性能潜力的重要手段。热处理的主要目的是改善和提高钢的性能，其中包括使用性能及工艺性能。钢的热处理工艺特点是将钢加热到一定的温度，经一定时间的保温，然后以某种速度冷却。正确选择工艺参数是保证热处理操作成功的先决条件，热处理工艺参数不同，形成了各种不同的热处理方法，常用的热处理工艺有退火、正火、淬火和回火。

1. 热处理工艺中加热温度的选择

钢的退火、正火、淬火加热温度根据 Fe-Fe$_3$C 相图确定。

（1）退火加热温度

亚共析钢一般采用完全退火加热到 A_{c1} 以上 30～50℃；共析钢和过共析钢采用球化退火加热到 A_{c1} 以上 20～30℃，目的是得到粒状渗碳体，降低硬度，改善高碳钢的切削性能。

（2）正火加热温度

亚共析钢一般为 A_{c2} 以上 30～50℃；过共析钢为 A_{cm} 以上 30～50℃。即加热到奥氏体单相区。退火和正火的加热温度范围选择，见图 2-12。

（3）淬火加热温度

亚共析钢加热到 A_{c3} 以 30～50℃；过共析钢为 A_{c1} 以上 30～50℃。淬火加热温度范围选择，见图 2-13。

（4）回火加热温度

回火是针对淬火而言的，回火温度决定钢的最终组织与性能。回火加热温度低于 A_{c1}，一般分为三类：低温回火、中温回火和高温回火。

低温回火温度为 150～250℃，回火后组织为回火马氏体，硬度约为 57～60HRC，其目的是降低淬火应力，减少钢的脆性并保持钢的高硬度。一般用于高碳钢的切削刀具、量具、滚动轴承、渗碳件。

中温回火温度为 350～500℃，回火组织为托氏体，硬度约为 40～48HRC，其目的是获得高的弹性极限，同时有高的韧性。主要用于含碳量为 0.5%～0.8%的弹簧钢。

高温回火温度为 500～650℃，回火组织为回火索氏体，硬度约为 25～35HRC，其目的是获得既有一定强度、硬度，又有良好的冲击韧性的综合力学性能。常把淬火后经高温回火的处理称为调质处理，用于中碳的结构钢，如柴油机连杆螺栓、汽车半轴以及机床主轴等重要零件。

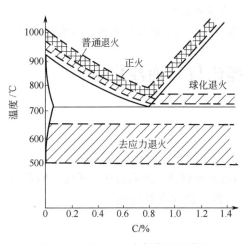

图 2-12　退回、正火加热温度范围

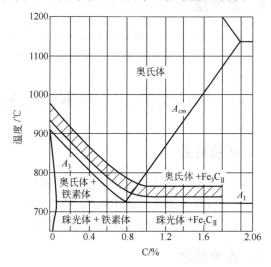

图 2-13　淬火加热温度范围

2. 热处理工艺中保温时间的选择

为了使工件加热时各部分温度均匀，完全组织转变，并使碳化物完全溶解（或部分溶解）和奥氏体成分均匀一致，为此必须在加热温度下保温一定时间。通常将钢件升温和保温所需时间加在一起，统称为加热时间。热处理加热保温时间的选择需考虑很多因素，如工件尺寸和形状；加热设备及装炉量；炉子的起始温度和升温速度；钢的成分和原始组织；热处理目的和组织性能要求等。各种钢的具体保温时间参考热处理手册的有关数据进行推算或估算。实际热处理操作中，多根据经验大致估算材料的热处理保温时间。一般在空气介质中升温到规定加热温度后，根据碳钢工作有效厚度，约为 1~1.5min/mm，根据合金钢工件有效厚度，加热时间约 2~2.5min/mm。若在盐浴炉中加热，保温时间则比上述估算缩短 1~2 倍。

3. 热处理工艺中冷却方法的选择

在热处理实际生产中，奥氏体的冷却方法有两大类，第一类是等温冷却，即将处于奥氏体状态的钢迅速冷却至临界点以下某一温度并保温一定时间，让过冷奥氏体在该温度下发生组织转变，然后再冷至室温。另一类是连续冷却，即将处于奥氏体状态的钢以一定的速度冷至室温，使奥氏体在一个温度范围内发生连续转变。

退火属于第一类是等温冷却。一般为炉冷。

正火、淬火属于第二类连续冷却。

正火通常用空冷，大件可采用吹风冷却。

淬火冷却方法非常重要，一方面冷却速度要大于临界冷却速度，以保证全部得到马氏体组织；另一方面冷却应尽量缓慢，以减少内应力，避免变形和开裂。

C 曲线是研究钢在不同温度下处理后组织状态的重要依据，可以根据钢的 C 曲线来确定热处理工艺，估计淬透性，选择恰当地淬火介质和淬火方法。以共析钢的等温转变曲线（见图 2-14）中冷却

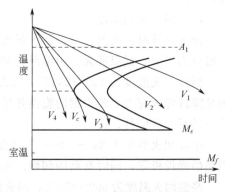

图 2-14　共析钢的等温转变曲线

速度与显微组织：炉冷是 V_1 速度冷却，得到 100% 的珠光体；正火是 V_2 速度冷却，得到细片状珠光体或索氏体；油冷是 V_3 速度冷却，得到托氏体为和马氏体；V_c 是临界冷却速度，使淬火工件在超过 V_c 的速度冷却，也就是奥氏体最不稳定的温度范围内（650～550℃）快冷；水冷是 V_4 速度，得到马氏体。在 M_s（300～200℃）点以下温度尽可能缓冷，以减少内应力。常用淬火冷却方法有单液淬火法、双液淬火法、分级淬火法和等温淬火法等（见图 2-15），碳钢和低合金钢一般采用单液淬火法，碳钢用水冷却，合金钢则多采用油进行冷却。

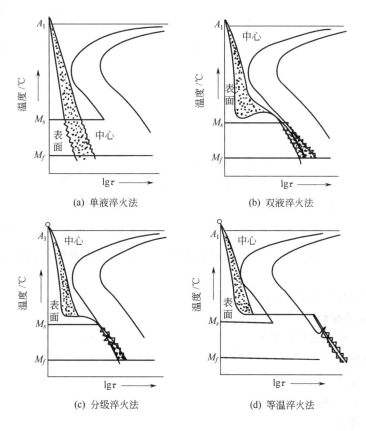

图 2-15　淬火方法示意

三、实验方法和指导

1. 实验内容及步骤

ⅰ. 热处理操作试验按表 2-3 所列工艺进行。每班两组，每组一套试样，加热保温时间由学生按试样尺寸估算填表。

ⅱ. 按表 2-3 进行热处理操作（炉温由实验室预先升好）。

ⅲ. 测出热处理后每个试样的硬度值。

2. 注意事项

ⅰ. 各试样对应的加热炉及温度要选用正确；试样放入加热炉尽量靠近热电偶端点。

ⅱ. 当炉到温后开始计算加热保温时间。淬火槽要靠近炉门，试样要加紧，入水要迅速，并不断在淬火介质中搅动，以防硬度不均。

表 2-3　热处理工艺

钢　号	热　处　理　工　艺				硬度值/HRC 或 HRB				预计组织
	加热温度/℃	保温时间/min	冷却方式	回火温度/℃	1	2	3	平均	
45 钢	860	30	空冷						
			油冷						
			水冷						
			水冷	400					
			水冷	600					
	760		水冷						
T10 钢	760	30	空冷						
			油冷						
			水冷						
			水冷	400					
			水冷	600					
	860		水冷						

ⅲ. 试样处理好以后，必须用砂轮机磨去氧化皮，擦净磨面后再用洛氏硬度计测试硬度值。

ⅳ. 回火保温时间为 30min，回火后空冷。

3. 实验设备及材料

ⅰ. 45 钢、T10 钢试样若干块。

ⅱ. 箱式电炉。

ⅲ. 洛氏硬度计。

ⅳ. 淬火水槽、油槽。

ⅴ. 铁丝、钳子。

四、实验报告要求

1. 实验目的

2. 经热处理后的试样各测三点硬度值，取其平均值，填于表 2-3 中。

3. 预计各热处理操作后的组织并填于表 2-3 中。

4. 作退火态下和淬火态下硬度随含碳量的变化的关系曲线图。

5. 作淬火钢经不同温度回火与硬度的变化曲线图。

五、思考题

1. 用 45 钢制造的机床主轴，使其整体的硬度达到 45～50HRC，热处理工艺如何制定？

2. 碳素工具钢为什么选择亚温淬火？常用的热处理工艺是什么？大致的组织和硬度怎样？

实验三　碳钢热处理后的显微组织观察

一、实验目的

ⅰ. 观察和研究碳钢经不同热处理后的显微组织特征。

ⅱ. 运用 Fe-Fe₃C 相图，C 曲线及回火转变来分析热处理工艺对钢的组织和性能的影响。

二、实验原理

研究碳钢经退火、正火和淬火后的组织，需要运用 Fe-Fe₃C 平衡相图及过冷奥氏体等温转变曲线图——C 曲线从加热和冷却两个方面来进行分析，钢在冷却时的组织转变规律，是由 C 曲线确定的。因此，研究钢热处理后的组织，通常以 C 曲线为理论依据。

按照不同的冷却条件，过冷奥氏体将在不同的温度范围发生不同类型的转变。通过金相显微镜观察，可以看出过冷奥氏体各种转变产物的组织形态各不相同。

1. 钢冷却时的组织转变

用 C 曲线来分析过冷奥氏体连续冷却后的显微组织。

ⅰ. 共析钢的 C 曲线和过冷奥氏体的连续冷却转变组织以等温冷却转变曲线，近似估计小直径试样在不同冷速下所得到的组织。如图 2-16 所示，当冷速为 V_1（相当于随炉缓冷）时，奥氏体转变成珠光体。冷速增加到 V_2（相当于空冷）时，得到的片层较细的是珠光体，即索氏体。当冷速增加到 V_3（相当于油冷）时，得到的是片层更细的托氏体和部分马氏体。当冷速增加到 V_4（相当于水冷）时，得到的是马氏体和残余奥氏体组织。这是因为奥氏体一下被过冷到马氏体转变开始点（M_s）以下，转变成马氏体。由于共析钢的马氏体转变终点在室温下（$-50℃$），所以在生成马氏体的同时保留有部分残

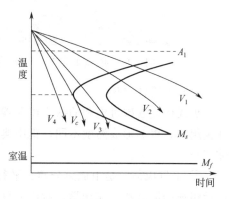

图 2-16　在共析钢 C 曲线上估计连续
冷却速度的影响

余奥氏体。与 C 曲线鼻尖相切的冷却速度 V_c 称为淬火的临界冷却速度。

ⅱ. 亚共析钢的 C 曲线与共析钢的相比，上部多了一条铁素体析出线。当奥氏体缓慢冷却冷速为 V_1（如炉冷）时，转变产物接近平衡状态显微组织，为珠光体和铁素体，随冷却速度的增大（如空冷或风冷）到 V_2 时，奥氏体的过冷度越大，析出的铁素体越少，而共析组织（珠光体）的量增加，碳的含量减少。共析组织变得更细。这时的共析组织为伪共析组织。析出的少量铁素体多分布在晶粒的边界上，因此冷却速度逐渐增大，显微组织的变化是：铁素体+珠光体→铁素体+索氏体→铁素体+托氏体。

当冷却速度再增大到 V_3 时，如油冷时，析出的铁素体极少，最后主要得到托氏体和马氏体及少量贝氏体。当冷却速度超过临界冷却速度 V_c 后，奥氏体全部转变为马氏体。碳含量大于 0.5% 的钢中，马氏体间还有少量残余奥氏体。

ⅲ. 过共析钢的 C 曲线与亚共析钢的相似，先析出的是渗碳体。随着冷却速度的增加，钢的显微组织变化是：渗碳体+珠光体→渗碳体+索氏体→渗碳体+托氏体→托氏体+马氏

体＋残余奥氏体→马氏体＋残余奥氏体。

2. 钢冷却后所得的显微组织

（1）索氏体（S）

索氏体是铁素体与渗碳体的机械混合物。其片层比珠光体更细密，在显微镜的高倍放大下才能分辨。见图 2-17 在电子显微镜下拍摄的照片。

（2）托氏体（T）

托氏体是铁素体与片状渗碳体的机械混合物，片层比索氏体更细，在一般光学显微镜下无法分辨，只能看到如墨菊状的黑色组织。当其少量析出时，沿晶界分布呈黑色网状包围马氏体。当析出量较多时，呈大块黑色晶团状。只有在电子显微镜下才能分辨其中的片层。见图 2-18。

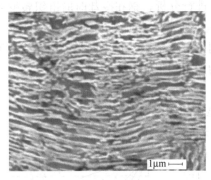
图 2-17　45 钢正火　　索氏体

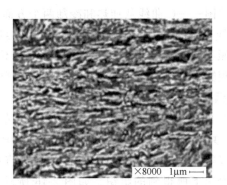
图 2-18　45 钢油淬　　托氏体

（3）贝氏体（B）

贝氏体是含碳过饱和的铁素体和碳化物组成的机械混合物。其显微组织形态类似于珠光体类组织，根据形成温度不同，钢中典型的贝氏体主要分为上贝氏体、下贝氏体和粒状贝氏体三类。

① 上贝氏体　是由成束分布、平行排列的铁素体和夹于其间的断续分布的细条状渗碳体所组成的混合物。在光学显微镜下可以观察到成束排列的铁素体条自奥氏体晶界平行伸向晶内，具有羽毛状特征，条间的渗碳体分辨不清；在电镜下观察可清楚地看到在平行的条状铁素体之间常存在断续的、粗条状的渗碳体，上贝氏体中铁素体的亚结构是位错。见图 2-19。

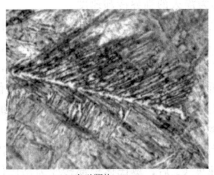
(a) 光学照片　500×

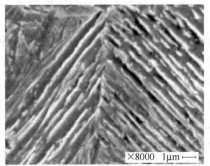
(b) 电镜照片

图 2-19　上贝氏体

② 下贝氏体　是由含碳过饱和的片状铁素体和其内部沉淀的碳化物组成的机械混合物。

下贝氏体的空间形态呈双凸透镜状，与试样磨面相交呈片状或针状。在光学显微镜下，当转变量不多时，下贝氏体呈黑色针状或竹叶状，针与针之间呈一定角度；在电镜下观察可以看到，它是以针片状铁素体为基，其中分布着很细的 ε 碳化物片，这些碳化物片大致与铁素体片的长轴呈 55°～65° 的角度。下贝氏体中的铁素体亚结构是位错。见图 2-20。

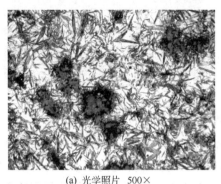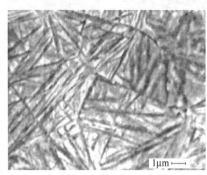

(a) 光学照片 500×   (b) 电镜照片

图 2-20 下贝氏体

③ 粒状贝氏体　在低中碳合金钢中，特别是在连续冷却时（如正火、热轧空冷或焊接热影响区）往往会出现这种组织，在等温冷却时也可能形成。它的形成温度范围大致在上贝氏体相变温度区的上部。粒状贝氏体的显微组织特征是，是在粗大的块状或针状铁素体内或晶界上分布着一些孤立的小岛，小岛形态呈粒状或长条状等，很不规则。低倍观察时，其形态类似魏氏组织，但其取向不如魏氏组织明显。原先是富碳的奥氏体区，其随后的转变可以有三种情况：① 分解为铁素体和碳化物，在电镜下可见到比较密集的多向分布的粒状、杆状或小块状碳化物；Ⅱ 发生马氏体转变；Ⅲ 仍然保持为富碳的奥氏体氏体。见图 2-21。

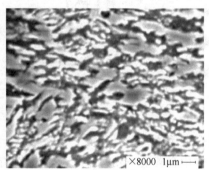

(a) 光学照片 500×   (b) 电镜照片

图 2-21 粒状贝氏体

（4）马氏体（M）

马氏体是碳在 "α-Fe" 中的过饱和固溶体。马氏体的组织形态是多种多样的，主要分为两大类即板条状马氏体和片状马氏体。

① 板条状马氏体　是低、中碳钢及马氏体时效钢、不锈钢等铁基合金中形成的一种典型马氏体组织。是由许多成群的、相互平行排列的板条所组成，故称为板条马氏体，一个奥氏体晶粒内可以有几个板条束（通常 3～5 个）。板条马氏体的空间形态是扁条状的，在光学显微镜下，板条马氏体的形态呈现一束束相互平行的细长条状马氏体群。见图 2-22。

(a) 光学照片 500×

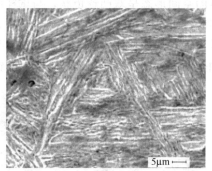
(b) 电镜照片

图 2-22　板条马氏体

②　片状马氏体　是在中、高碳韧及高镍合金钢中形成的一种典型马氏体组织。在光学显微镜下则呈针状或竹叶状，故又称为针状马氏体。马氏体片之间互不平行，呈一定角度分布，它的空间形态为双凸透镜状。在原奥氏体晶粒中首先形成的马氏体片贯穿整个晶粒，但一般不穿过晶界，将奥氏体晶粒分割。以后陆续形成的马氏体片由于受到限制而越来越小，马氏体片的周围往往存在着残余奥氏体。片状马氏体的最大尺寸取决于原始奥氏体晶粒大小，奥氏体晶粒越粗大，则马氏体片越大，当最大尺寸的马氏体片小到光学显微镜无法分辨时，便称为隐晶马氏体。在生产中正常淬火得到的马氏体，一般都是隐晶马氏体。见图 2-23。

(a) 光学照片 500×

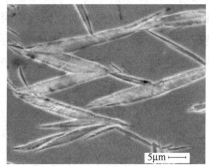
(b) 电镜照片

图 2-23　片状马氏体

（5）残余奥氏体（Ar）

当奥氏体中合碳量＞0.5％时，淬火时总有一定量的奥氏体不能转变成为马氏体，而保留到室温，这部分奥氏体就是残余奥氏体，它不易受硝酸酒精腐蚀剂的侵蚀，在显微镜下呈白亮色，分布在马氏体之间，无固定形态，淬火后未经回火，残余奥氏体与马氏体很难区分，都呈白亮色，只有马氏体回火后才能分辨出马氏体间的残余奥氏体。

3. 钢回火后所得的显微组织

（1）回火马氏体

淬火钢在 150～250℃之间进行低温回火时，马氏体内的过饱和碳原子脱溶，沉淀析出与母相保持共格关系的 ε 碳化物，这种组织称为回火马氏体。同时，残余奥氏体也开始转变为回火马氏体。在显微镜下回火马氏体仍保持针（片）状形态。因极细小的 ε 碳化物的析出，使回火马氏体易受侵蚀，颜色比淬火马氏体深，呈黑色针（片）状组织。回火马氏体具有高的强度和硬度，而韧性和塑性较淬火马氏体有明显提高。

（2）回火托氏体

淬火钢在350～500℃之间进行中温回火时，淬火马氏体完全分解，但α相仍保持针状外形，碳化物全部转变为θ-碳化物。这种由针状α相和与其无共格关系的细小的粒状与片状渗碳体组成的机械混合物称为回火托氏体。回火托氏体具有较高的强度，最佳的弹性，较好的韧性。

（3）回火索氏体

淬火钢在500～650℃之间进行高温回火时，渗碳体聚集成较大的颗粒，同时，马氏体的针状形态消失，形成多边形的铁素体，这种铁索体和粗粒状渗碳体的机械混合物称为回火索氏体。

4. 典型碳钢热处理后的显微组织

碳钢经退火（完全退火）后得到接近平衡状态的组织。经球化退火得到球状珠光体组织。见图2-24。

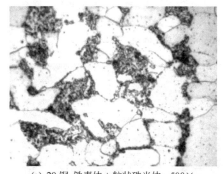 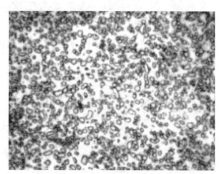

(a) 20钢 铁素体＋粒状珠光体 500×　　　　(b) T10钢 粒状珠光体 500×

图2-24 球化退火组织

碳钢正火可得到索氏体组织。索氏体是铁素体和渗碳体的机械混合物，其片层间距比珠光体小，45钢在正火条件下获得的组织为：铁素体＋索氏体。见图2-25。

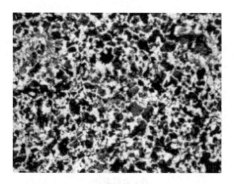 

图2-25 45钢正火组织 500×　　　　图2-26 16Mn淬火组织 500×
（铁素体＋索氏体）　　　　　　　　　　（板条状马氏体）

（1）碳钢淬火后可得到马氏体（M）组织

低碳钢淬火后得到是板条状马氏体。图2-26为16Mn钢在920℃水淬后得到的板条状马氏体。板条状马氏体不仅具有较高的强度，同时还具有良好的塑性和韧性。

中碳钢淬火后得到的是混合马氏体。图2-27为45钢860℃水淬组织是混合马氏体（板条状马氏体＋针状马氏体），其中以板条状马氏体为主。图2-28为45钢860℃油淬组织是托氏体＋混合马氏体组织。当冷速较大时，托氏体常沿原始奥氏体晶界析出，呈黑色网状包围着马氏体。图 2-29 为 45 钢 760℃ 水淬组织是未溶铁素体和马氏体组织。这种淬火称为不完全淬火。根据 Fe-Fe$_3$C 相图可知，在这个温度加热，部分铁素体未溶入奥氏体中，经淬火后有未溶铁素体在混合马氏体中。

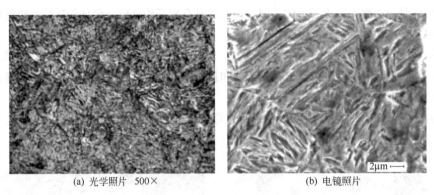

(a) 光学照片 500×   (b) 电镜照片

图 2-27 45 钢水淬组织（混合马氏体）

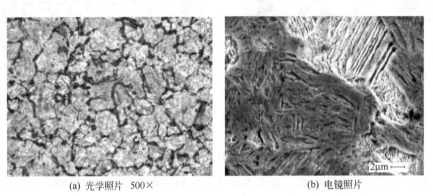

(a) 光学照片 500×   (b) 电镜照片

图 2-28 45 钢油淬组织（托氏体＋混合马氏体）

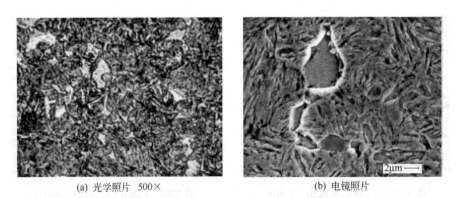

(a) 光学照片 500×   (b) 电镜照片

图 2-29 45 钢 760℃ 水淬（马氏体＋未溶铁素体）

　　碳素工具钢淬火前，通常是球化退火组织，经正常加热淬火后，得到的马氏体是细小的，故通常称为隐晶马氏体。图 2-30 为 T10 钢 760℃ 淬火组织是隐晶马氏体和粒状碳化物及少量残余奥氏体。

　　含碳量大于 1.0% 的高碳钢过热淬火后，得到针片状马氏体和残余奥氏体组织。图 2-31 为含碳 1.2% 钢 1100℃ 水淬得到的组织是针片状马氏体。

图 2-30　T10 钢 760℃水淬组织　500×　　　图 2-31　含碳 1.2％钢 1100℃水淬　500×

（隐晶马氏体＋粒状碳化物＋少量残余奥氏体）　　　（针片状马氏体＋残余奥氏体）

（2）碳钢淬火后的回火组织

低温回火获得回火马氏体，仍保持着原淬火状态的马氏体特征。在光学显微镜下，回火马氏体的显微组织基本与淬火马氏体相同，仅颜色较暗而呈暗黑色。

中温回火获得回火托氏体组织，它是由铁素体与弥散分布的极细粒状渗碳体组成。这些极细的粒状渗碳体，在光学显微镜下无法分辨，故呈暗黑色。回火托氏体具有中等硬度，高的屈服强度及弹性极限和较好的韧性。图 2-32 为 45 钢 860℃水淬 400℃回火后得到的回火托氏体。

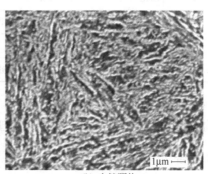

(a) 光学照片　500×　　　　　　　　　(b) 电镜照片

图 2-32　45 钢 860℃水淬 400℃回火（回火托氏体）

高温回火获得回火索氏体，它是由铁素体与细粒状渗碳体组成。在光学显微镜下放大 500×时，可以看到已经聚集长大了的渗碳体颗粒均匀分布在铁素体基体上。回火索氏体具有较低的硬度和良好的综合力学性能。图 2-33 为 45 钢 860℃水淬 600℃回火后得到的回火索氏体。

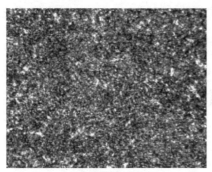

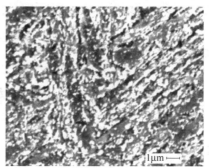

(a) 光学照片　500×　　　　　　　　　(b) 电镜照片

图 2-33　45 钢 860℃水淬 600℃回火（回火索氏体）　400×

三、实验方法和指导

1. 实验内容和步骤

ⅰ. 看多媒体计算机演示碳钢热处理后的各种组织，并分析其组织形态的特征。

ⅱ. 在显微镜下观察和分析表 2-4 碳钢热处理后的组织。并画出组织示意图。

表 2-4　碳钢热处理后的组织

序　号	钢　号	热 处 理 工 艺	显 微 组 织	侵 蚀 剂
1	45 钢	860℃正火	索氏体+铁素体	3%硝酸酒精溶液
2	45 钢	860℃水淬	混合马氏体	3%硝酸酒精溶液
3	45 钢	860℃油淬	托氏体+混合马氏体	3%硝酸酒精溶液
4	45 钢	760℃水淬	未溶铁素体+马氏体	3%硝酸酒精溶液
5	45 钢	860℃水淬 400℃回火	回火托氏体	3%硝酸酒精溶液
6	45 钢	860℃水淬 600℃回火	回火索氏体	3%硝酸酒精溶液
7	T12	球化退火	球化珠光体	3%硝酸酒精溶液
8	T12	760℃水淬	隐晶马氏体+粒状碳化物+少量残余奥氏体	3%硝酸酒精溶液
9	16Mn 钢	920℃水淬	板条马氏体	3%硝酸酒精溶液
10	1.3%C	1100℃水淬	针片状马氏体和残余奥氏体	3%硝酸酒精溶液

2. 实验设备和材料

多媒体计算机，金相显微镜，碳钢热处理后的金相试样一套及照片。

四、实验报告

1. 实验目的。

2. 画出所观察的显微组织示意图，并标明：材料名称、状态、组织、放大倍数、侵蚀剂。并将组织组成物名称以箭头引出标明。

五、思考题

1. 引起 45 钢淬火硬度达不到要求的原因有哪些？通过金相组织观察能否做出判断？为什么？

2. T10 钢 760℃水淬与 860℃水淬的组织与性能有什么区别？

实验四　常用金属材料的显微组织观察

一、实验目的

ⅰ. 观察几种常用合金钢、铸铁和有色金属的显微组织；

ⅱ. 了解以上金属材料的常见缺陷；

ⅲ．分析上述金属材料的组织和性能的关系及应用。

二、实验原理

（一）几种常用合金钢的显微组织

合金钢是在碳钢的基础上，加入适当和适量合金元素而得到的。在合金钢中，由于合金元素对相图及相变得影响，其显微组织比碳钢要复杂得多，组织中除了有合金铁素体、合金奥氏体、合金渗碳体外，还有合金间化合物，其组织形态随合金含量的不同而呈现不同的特征。按用途将合金分为三大类：合金结构钢、合金工具钢及特殊性能钢。

1. 合金结构钢

一般合金结构钢是低合金钢，由于加入合金元素，铁碳相图发生一些变动，但其平衡状态的显微组织与碳钢的显微组织并没有本质的区别。低合金钢热处理后的显微组织与碳钢的显微组织也没有根本的不同，差别只是在于合金元素都使 C 曲线右移（Co 除外），即以较低的冷却速度可以获得马氏体组织。例如：40Cr 钢经调质后的显微组织（见图 2-34）和 45 钢调质后的显微组织基本相同，都是回火索氏体。在合金结构钢中主要介绍轴承钢、渗碳钢。

图 2-34　40Cr 钢调质　500×
（回火索氏体）

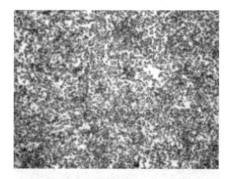

图 2-35　GCr15 钢退火态　500×
（粒状珠光体）

（1）轴承钢

GCr15 钢是生产中应用最广泛的轴承钢，其热处理工艺主要为球化退火（图 2-35）；淬火及低温回火，显微组织是回火隐晶马氏体（黑色）和碳化物（白亮色颗粒）（图 2-36）。

滚动轴承在工作时，承受着集中和反复的载荷。接触应力大，通常为 $150 \sim 500 \text{kg}/\text{mm}^2$。其应力交变次数每分钟可高达数万次左右，所以要求轴承钢具有高的耐磨性及抗接触疲劳的能力。轴承钢材质检验的优劣是影响轴承质量的关键因素之一，为了确保轴承钢的原材料质量，轴承钢从冶炼厂出厂到轴承厂入厂都要按部颁标准（JBT-1255《高碳铬轴承钢滚动轴承零件热处理技术条件》）进行严格的检验。轴承钢的金相检验项目较多，要求严格。对退火组织，非金属夹杂物，碳化物不均匀性，进行检验及评级。对退火组织的检验主要是评定珠光体的球化级别；非金属夹杂物的有塑性、脆性和点状不变形三种（见图 2-37，图 2-38，图 2-39），分别进行评级；碳化物有网状、带状和液析三种（见图 2-40，图 2-41，图 2-42），分别进行评级。对照标准，当它们在允许的范围内，可以正常使用；当达到一定的级别时，即为缺陷。

图 2-36　GCr15 钢淬火回火态　500×

（回火隐晶马氏体＋碳化物）

图 2-37　塑性夹杂物　100×

图 2-38　脆性夹杂物　100×

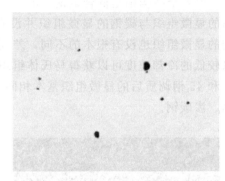

图 2-39　点状不变形夹杂物　100×

图 2-40　网状碳化物　500×

图 2-41　带状碳化物　500×

图 2-42　碳化物液析　500×

图 2-43　20CrMnTi 渗碳退火态　100×

（2）渗碳钢

20CrMnTi 是常用的合金渗碳钢。主要用于制造汽车和拖拉机的渗碳件。根据渗碳的温度，渗碳的时间及渗碳介质活性的不同，钢的渗碳层厚度与含碳量的分布也不同。一般渗碳层的厚度约 0.5～1.7mm。渗碳层的含碳量，从表层向中心，含碳量逐渐下降。渗碳后钢的表面含碳量约在 0.85%～1.05% 之间。经渗碳后的退火态组织：由表面到心部依次是过共析钢组织（珠光体＋网状渗碳体）、共析钢组织（片状珠光体）、亚共析钢组织（铁素体＋珠光体）和心部原始组织。见图 2-43。如果表面渗碳浓度不高，就可能没有过共析区出现；如果表面渗碳浓度太高，表层就出现块状碳化物。见图 2-44。渗碳后直接淬火的组织：由表面到心部依次是高碳片状、针状马氏体和残余奥氏体＋少量碳化物、混合马氏体、低碳马氏体＋少量铁素体和心部原始组织。见图 2-45。

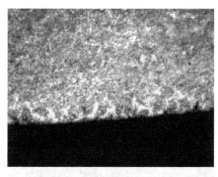

图 2-44　渗碳直接淬火　100×

图 2-45　20CrMnTi 渗碳直接淬火　100×

2. 合金工具钢

为了获得高的硬度、热稳定性和耐磨性以及足够的强度和韧性，在化学成分上应具有高的碳含量（通常 0.6%～1.3%C），以保证淬火后获得高碳马氏体；加入合金元素 Cr、W、Mo、V 等与碳形成合金碳化物，使钢具有高硬度和高耐磨性，并增加淬透性和回火稳定性。

（1）工具钢

W18Cr4V 是一种常用的高合金工具钢，因为它含有大量合金元素，使铁碳相图中的 E 点左移较多，以致它虽然碳含量只有 0.7%～0.8%，但已含有莱氏体组织，所以称为莱氏体钢。

① 铸态的高速钢的显微组织　其组织为共晶莱氏体、黑色组织、马氏体和残余奥氏体。其中鱼骨状组织是共晶莱氏体分布在晶界附近，黑色的心部组织为 δ 共析相（托氏体-索氏体混合组织），晶粒外层为马氏体和残余奥氏体。见图 2-46。

② 锻造退火的显微组织　由于铸造组织中碳化物的分布极不均匀，且有鱼骨状，必须采用反复锻造、多次锻拔的方法将碳化物击碎使其分布均匀。然后进行去除锻造内应力退火，得到的组织为：索氏体和碳化物。见图 2-47。

③ 淬火与回火后的组织　高速钢只有经过淬火和回火，才能获得所要求的高硬度与高的红硬性。W18Cr4V 通常采用的淬火温度较高，为 1270～1280℃，可以使奥氏体充分合金化，以保证最终有较高的红硬性，淬火时可在油中或空气中冷却。淬火组织为（60%～70%）马氏体和（25%～30%）残余奥氏体及接近 10% 的加热时未溶的碳化物组成，见图 2-48。由于淬火组织中存在较多的残余奥氏体，一般都在 560℃ 进行三次回火。经淬火和三次回火后得到的组织为回火马氏体＋碳化物＋少量残余奥氏体（2%～3%）。见图 2-49。

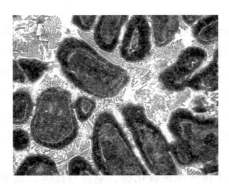

图 2-46　W18Cr4V 铸态　　500×

（共晶莱氏体＋黑色组织＋马氏体

＋残余奥氏体）

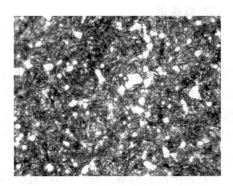

图 2-47　W18Cr4V 退火态　　500×

（索氏体＋碳化物）

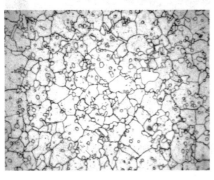

图 2-48　W18Cr4V 淬火态　　500×

〔(60%～70%)马氏体＋(25%～30%)

残余奥氏体＋10%未溶碳化物〕

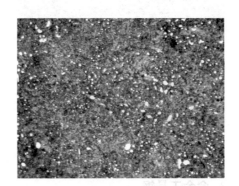

图 2-49　W18Cr4V 淬火回火态　　500×

〔回火马氏体＋碳化物＋少量

残余奥氏体（2%～3%）〕

④ 热处理缺陷　由于淬火温度过高等原因，造成晶粒过大，碳化物数量减少，并向晶界聚集，以块状、角状沿晶界网状分布，这是过热现象，见图 2-50。如温度超过 1320℃，晶界熔化，出现莱氏体及黑色组织，称为过烧，见图 2-51。如当两次淬火之间未经充分退火，易产生萘状断口，断口呈鱼鳞状白色闪光，如萘光，晶粒粗大，或大小不匀。见图 2-52。

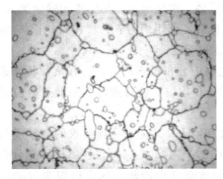

图 2-50　W18Cr4V 过热组织　　500×

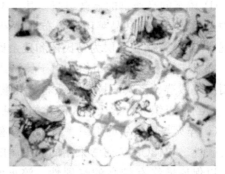

图 2-51　W18Cr4V 过烧组织　　500×

（2）模具钢

Cr12MoV 是常用的冷变形模具钢。因其是高碳高铬钢，在铸造组织中有网状共晶碳化物，必须通过轧制或锻造，破碎共晶碳化物，以减少碳化物的不均匀分布。退火后的组织为索氏体＋碳化物。见图 2-53。在 1000～1075℃淬火后，可获得较好的强、塑性结合。淬火组织为：隐晶马氏体＋碳化物。淬火回火组织为回火隐晶马氏体＋碳化物（见图 5-54）。其缺陷组织有网状碳化物、带状碳化物和碳化物液析。见图 2-55 至图 2-57。

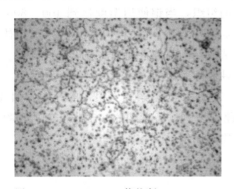

图 2-52　W18Cr4V　萘状断口　　500×

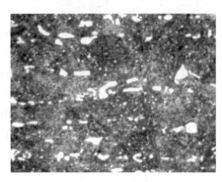

图 2-53　Cr12MoV　退火态　　500×

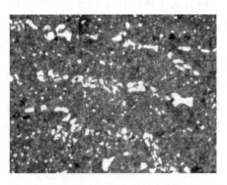

图 2-54　Cr12MoV　淬火回火态　500×

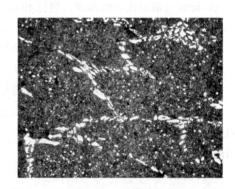

图 2-55　Cr12MoV　网状碳化物　　500×

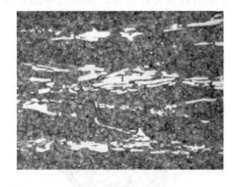

图 2-56　Cr12MoV　带状碳化物　　500×

图 2-57　Cr12MoV　液析碳化物　　500×

3. 不锈钢

不锈钢是在大气、海水及其他侵蚀性介质条件下能稳定工作的钢种，大都属于高合金钢，应用最广泛的是 1Cr18Ni9。较低的含碳量、较高的含铬量是保证耐蚀性的重要因素；镍除了进一步提高耐蚀能力外，主要是为了获得奥氏体组织。这种钢在室温下的平衡组织是奥氏体＋铁素体＋$(CrFe)_{23}C_6$。为了提高耐蚀性以及其他性能，必须进行固溶处理。固溶处

图 2-58　1Cr18Ni9 固溶处理

（单一奥氏体）100×

理是将钢加热到 1050～1150℃，使碳化物等全部溶解，然后水冷，即可在室温下获得单一奥氏体组织。如图 2-58 所示。

1Cr18Ni9 在室温下的单一奥氏体状态是过饱和的、不稳定的组织，当钢使用温度达到 400～800℃，或者加热到高温后缓冷，$(CrFe)_{23}C_6$ 会从奥氏体晶界上析出，造成晶间腐蚀，使钢的强度大大降低。目前，防止这种晶间腐蚀的办法有两种：一是尽可能降低含碳量；二是加入与碳亲和力很强的元素，如 Ti、Nb 等。因此，出现 1Cr18Ni9、0Cr18Ni9Ti 等牌号的奥氏体镍铬不锈钢。

（二）　铸铁的显微组织

铸铁是含碳大于 2.11% 的铁碳合金。根据铸铁中碳的存在形式，可分为白口铸铁和灰口铸铁。灰口铸铁与钢相比虽然强度、塑性和韧性较差，但却有优于钢的许多特性：如优良的减振性、耐磨性、铸造性和可切削性，而且生产工艺和熔化设备简单。因此在工业上得到广泛应用。

灰口铸铁组织主要是由石墨加基体两部分组成。可以认为是在钢的基体上分布着不同形态、尺寸和数量的石墨，其中石墨的形状及数量变化对性能起着重要作用。

根据石墨的形态，铸铁由可分为灰铸铁、球墨铸铁、蠕墨铸铁和可锻铸铁。

石墨的强度和塑性几乎等于零，可以把铸铁看成是布满裂纹或孔洞的钢。因此其抗拉强度和塑性远比钢低，并且石墨数量越多，尺寸越大或分布越不均匀，石墨对基体削弱和割裂作用越大，铸铁的性能越差。

1. 灰铸铁

灰铸铁的石墨呈粗大片状，根据石墨化程度不同，灰铸铁有三种不同的基体组织，即珠光体、珠光体＋铁素体、铁素体基体。其中铁素体基体的铸铁韧性最好，而珠光体的铸铁强度最高。见图 2-59 至图 2-61。

图 2-59　灰铸铁正火　400×

（珠光体＋片状石墨）

图 2-60　灰铸铁铸态　400×

（珠光体＋铁素体＋片状石墨）

2. 球墨铸铁

球墨铸铁是在铁水中加入了球化剂进行球化处理，使石墨变成球状，因而大大削弱了对基体的割裂作用，使其性能显著提高。球墨铸铁也有珠光体、珠光体＋铁素体、铁素体三种基体。见图 2-62 至图 2-64。

3. 蠕墨铸铁

蠕墨铸铁，其形态在光学显微镜下看起来像片状，但与片状石墨比较是短而厚，头部较钝，所以认为蠕虫状石墨铸铁是一种过渡型石墨，蠕虫状石墨虽形状似片，但它们的结构近似于球状石墨的结构。见图 2-65。

4. 可锻铸铁

可锻铸铁又叫马口铁，是由白口铸铁经可锻化退火处理而得到的一种铸铁。其中石墨形态是团絮状，由于团絮状石墨显著削弱了对基体的割裂作用，因而使可锻铸铁的力学性能比灰铸铁有明显提高。可锻铸铁分铁素体和珠光体基本两种。铁素体基体的可锻铸铁应用较多。见图 2-66。

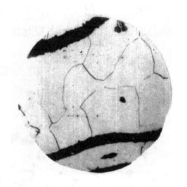

图 2-61　灰铸铁退火　400×
（铁素体＋片状石墨）

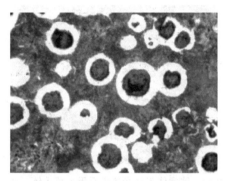

图 2-62　球墨铸铁　铸态　400×
（珠光体＋球状石墨）

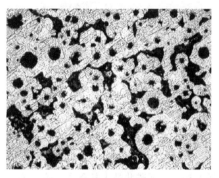

图 2-63　球墨铸铁正火态　400×
（珠光体＋铁素体＋球状石墨）

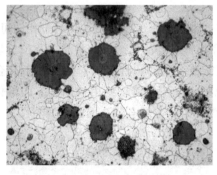

图 2-64　球墨铸铁退火态　400×
（铁素体＋球状石墨）

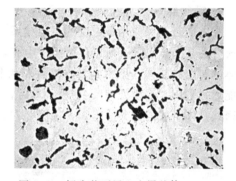

图 2-65　蠕虫状石墨＋金属基体　100×

基体部分在铸态具有比较高的铁素体含量（常有 40％～50％）为其特点，但亦可加入珠光体稳定元素，可使铸态珠光体含量提高至 70％左右，亦可进行正火处理，使珠光体提高到 90％～95％左右。

在铸铁中由于含磷量较高，在实际铸造条件下，磷常以 Fe_3P 形式与铁素体和渗碳体形成硬而脆的磷共晶，因此在灰铸铁的显微组织中，除基体和石墨外，还可以见到具有菱角状沿奥氏体晶界连续分布的磷共晶。磷共晶主要有三种类型：二元磷共晶、三元磷共晶和复合磷共晶。见图 2-67、图 2-68。由于磷共晶硬度很高，在普通灰铸铁中只能小于 1%；在高磷铸铁中，磷共晶的数量比较多，主要起耐磨作用。此外灰铸铁中还会出现莱氏体，即白口化。见图 2-69。

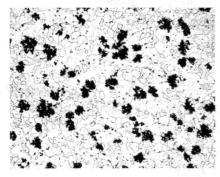

图 2-66　团絮状石墨＋铁素体　100×

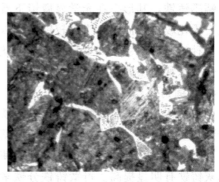

图 2-67　二元磷共晶　500×

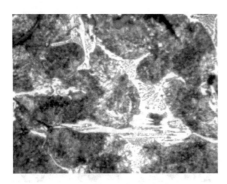

图 2-68　三元磷共晶＋复合磷共晶　500×

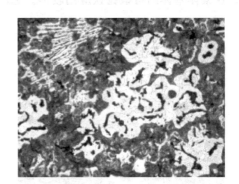

图 2-69　铁素体＋珠光体＋石墨＋莱氏体　500×

（三）　几种有色金属的显微组织

1. 铝合金

在铸造合金中应用最广泛的是铝硅系合金（含 Si 10%～13%），由 Al-Si 合金相图可知，该成分在共晶点附近，所以显微组织中有 α 固溶体和粗针状硅晶体组成的共晶体及少量呈多面体的初生硅晶体，见图 2-70，这种粗大针状组织能使合金的塑性降低。为了改善合金的性能通常采用"变质处理"。变质处理后，不仅组织细化，还可以得到由枝晶状 α 固溶体和细密共晶体组成的亚共晶组织，见图 2-71，这种组织的铝合金具有较高的强度和塑性。

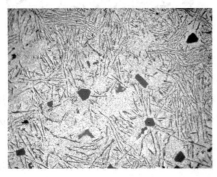

图 2-70　铝合金变质前　100×
（α 相＋粗针状共晶硅＋少量多面体初晶硅）

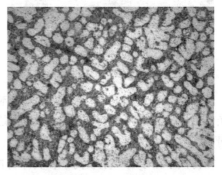

图 2-71　铝合金变质后　100×
（α 相＋共晶硅）

2. 铜合金

工业上广泛使用的铜合金有铜锌合金（黄铜）、铜锡合金（锡青铜）、铜铝合金（铝青铜）以及铜铍合金（铍青铜）、铜镍合金（白铜）等，下面以黄铜为例进行分析。

常用的黄铜含锌量均在45％以下，由Cu-Zu合金相图可知，含少于39％的黄铜是单向 α 固溶体组织，称为 α 黄铜（或单相黄铜）。常用的牌号为CuZu30（H70黄铜），经形变退火后，其显微组织为多边形 α 晶粒。见图2-72。含Zu量在39％～45％或双相黄铜。常用的牌号为CuZu38（即H62黄铜）其显微组织中 α 相呈白亮色，β 相为黑色，β 相是以CuZu电子化合物为基体的固溶体，在低温时硬而脆，在高温时，则有较好的塑性，故适宜进行热加工。见图2-73。

图 2-72　H70黄铜退火态　100×

［单一 α 相（大量孪晶和等轴晶粒）］

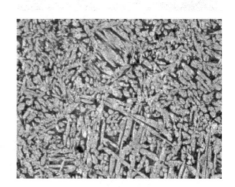

图 2-73　H62黄铜铸态　100×

［α 相（白量色）＋β 相为黑色］

3. 轴承合金

轴承合金指用来制造滑动轴承德轴瓦及其内衬的合金。轴瓦材料应同时兼有硬和软两种性质。因此，轴承合金理想的组织应该是由软硬不同的组织组成的混合物。例如，在软的基体上分布着硬的质点，以铅和锡为基体轴承合金具有满足上述条件的组织。

铅基轴承合金是以Pb-Sb为基的合金，但二元Pb-Sb合金的缺点是：比重偏析严重，同时锑颗粒太硬，基体又太软，性能不好。因此铅基轴承合金中通常还加入其他合金元素。加入锡的目的是为了生成SnSb化合物，提高其耐磨性，加入铜的目的是为了阻止比重偏析，加入砷和镉的目的是为了形成砷镉化合物，从而可减低脆性锑的含量。ZChPbSb16可应用在 $p·v$ 值大于588MPa·m/s秒条件下工作的轴承。

ZChPbSb16的显微组织：基体 α 为Pb＋Sn（Sb）的共晶，白色方块为 β（SnSb），针状晶体为 δ（Cu_3Sn）。见图2-74。锡基轴承合金是Sn-Sb为基的合金，该合金的成分中除了基本元素Sn外，还有11％的Sb及6％的Cu。由Sn-Sb状态图可知，Sb含量90％的合金室温组织即为Sb在Sn中的固溶体 α（软基体）和化合物SnSb（即 β 相，硬质点）所组成。由于先结晶出来的 β 相液态合金轻，易产生比重偏析，故加入一定量的Cu，先结晶出针状或辐射性的高熔点 Cu_6Sn_5，在溶液中构成乱树枝样骨架，阻止 β 相上浮，从而防止比重偏析。同时该化合物也有进一步提高合金强度和耐磨性的作用。ZChSnSb11-6常用来浇注电动机、离心泵、蒸汽涡轮机、汽车发动机、柴油机、压气机等高速轴承。

ZChSnSb11-6铸态的显微组织是：暗黑色是软的基体 α 固溶体，白色块状是质点 β（SnSb），白色针状及粒状为 ε（Cu_6Sn_5）。见图2-75。

铅基轴承合金是以Pb-Sb为基的合金，但二元Pb-Sb合金的缺点是：比重偏析严重，同时锑颗粒太硬，基体又太软，性能不好。因此铅基轴承合金中通常还加入其他合金元。

图 2-74　ZChSnSb11-6　铸态　100×

基体 α 为 Pb＋Sn(Sb) 的共晶，

白色方块为 β (SnSb)；针状晶体为 δ (Cu₃Sn)

图 2-75　ZChSnSb11-6　铸态　100×

软的 α 基体（暗黑色）＋质点 β

（白色块状及粒状）＋Cu₅Sn₆（白色针状）

三、实验方法及指导

1. 实验内容及步骤

ⅰ. 观看多媒体计算机演示常用金属的显微组织，并且分析其组织形态的特征。

ⅱ. 在显微镜下观察和分析表 2-5 的常用金属的显微组织，并画出组织示意图。

表 2-5　常用金属的显微组织

序　号	材料名称	处理工艺	显微组织	侵蚀剂
1	40Cr	调质	回火索氏体	3％硝酸酒精溶液
2	GCr15	退火态	粒状珠光体	3％硝酸酒精溶液
3		860℃油淬 200℃回火	回火隐晶马氏体＋碳化物	3％硝酸酒精溶液
4		860℃油淬 200℃回火	带状碳化物	3％硝酸酒精溶液
5		860℃油淬 200℃回火	网状碳化物	3％硝酸酒精溶液
6		860℃油淬 200℃回火	碳化物液析	3％硝酸酒精溶液
7	W18Cr4V	铸态	共晶莱氏体＋黑色组织 ＋马氏体＋残余奥氏体	30％硝酸酒精溶液
8		退火	索氏体＋碳化物	3％硝酸酒精溶液
9		1280℃淬火	(60％～70％)马氏体＋(25％～ 30％)奥氏体(残余 2％～3％)＋ 10％未溶碳化物	30％硝酸酒精溶液
10		1280℃淬火 560℃ 回火三次	回火马氏体＋碳化物 ＋少量残余奥氏体	3％硝酸酒精溶液
11	Cr12MoV	退火	索氏体＋碳化物	3％硝酸酒精溶液
12		淬火回火	隐晶马氏体＋碳化物	3％硝酸酒精溶液
13		淬火回火	带状碳化物	3％硝酸酒精溶液
14		淬火回火	网状碳化物	3％硝酸酒精溶液
15		淬火回火	碳化物液析	3％硝酸酒精溶液

序 号	材料名称	处理工艺	显微组织	侵蚀剂
16	1Cr18Ni9	固溶处理	单一奥氏体	王水溶液
17	灰铸铁	退火态	铁素体+石墨	3%硝酸酒精溶液
18		铸态	珠光体+铁素体+石墨	3%硝酸酒精溶液
19		正火态	珠光体+石墨	3%硝酸酒精溶液
20	球墨铸铁	退火态	铁素体+石墨	3%硝酸酒精溶液
21		铸态	珠光体+铁素体+石墨	3%硝酸酒精溶液
22		正火态	珠光体+石墨	3%硝酸酒精溶液
23	蠕墨铸铁	铸态	蠕虫状石墨+金属基体	未腐蚀
24	可锻铸铁	退火态	团絮状石墨+铁素体	3%硝酸酒精溶液
25	Al-Si 合金	变质前	α 相+粗针状共晶硅+ 少量多面体初晶硅	0.5%氢氟酸水溶液
26		变质后	α 相+共晶硅	0.5%氢氟酸水溶液
27	H70	退火态	单一 α 相	5%$FeCl_3$+10%HCl
28	H62	铸态	α 相(白量色)+β 相为黑色	5%$FeCl_3$+10%HCl
29	ZCHSnSb11-6	铸态	软的 α 基体(暗黑色)+ 质点 β(白色块状)+ Cu_3Sn(白色针状)	3%硝酸酒精溶液

2. 实验设备和材料

多媒体计算机、金相显微镜、常用金属的金相试样一套及照片。

四、实验报告要求

1. 实验目的。

2. 画出所观察的显微组织示意图，并标明：材料名称、状态、组织、放大倍数、侵蚀剂。并将组织组成物名称以箭头引出标明。

3. 分析讨论各类合金钢组织的特点，并与相应的碳钢组织作比较，同时把组织特点同性能和用途联系起来。

五、思考题

1. 为什么工业上的大型构件（如大型发电机转子）和小型形状复杂的刀具（如板牙）都必须采用合金钢制造？

2. 从金相组织上分析球墨铸铁的强度比灰铸铁高的原因。

实验五 非金属材料的性能测试及显微组织观察

一、实验目的

ⅰ. 熟悉陶瓷材料的显微组织及性能；

ⅱ. 了解热固性和热塑性塑料的特性。

二、实验原理

陶瓷和塑料都是非金属材料。工程陶瓷的结合键主要是离子键，所以陶瓷具有熔点高、硬度高、韧性低的特点，适合制作耐高温、耐磨损的部件。塑性属于高分子材料，由相对分子质量特别高的大分子化合物组成，大分子之间的结合键主要是分子键，特点是塑性、韧性好，强度、硬度低。

1. 陶瓷材料

（1）显微组织

陶瓷的种类很多，机械行业使用的主要是工程陶瓷和金属陶瓷。

工程陶瓷又称特种陶瓷或机械结构陶瓷，它是以人工化合物（氧化物、氮化物、碳化物和硼化物等）为原料制成的。制造工艺主要是制粉、压型、烧结、机加工。工程陶瓷的组织主要由晶体相、玻璃相和气相组成。晶体相是陶瓷的主要组成相，少量的玻璃相充填在晶体的空隙中，将晶体粘结在一起，期间夹杂少量的气相。制样时，玻璃相易腐蚀，在显微镜下呈黑色，晶体相呈白色。

金属陶瓷又称硬质合金，制造工艺与陶瓷类似，所不同的是以金属作为黏结相，叫做粉末冶金法。常用的硬质合金有钨钴类和钨钴钛类。钨钴类硬质合金的显微组织主要由两相组成，即 WC 相和 Co 相。WC 为多边形的白色颗粒；Co 相是粘结相，易腐蚀，呈黑色。钨钴钛类硬质合金的显微组织由三相组成，即 WC 相、TiC 相和 Co 相。WC 相和 Co 相的显微组织形貌与钨钴类硬质合金中的相同，TiC 相在显微镜下呈黑色。见图 2-76。

图 2-76　氮化硅陶瓷的显微
组织照片（电镜）

（2）样品制备

样品的大小、磨制的方法与金相试样一样。只是腐蚀的方法有区别。

常用的腐蚀工程陶瓷的方法有以下两种。

① 热蚀法　将试样在低于其烧结温度 150～200℃的温度加热保温 15～20min 后，冷却取出，再以丙酮或乙醚擦净表面，溅射 Au 膜即可。因表面的晶粒会向自由空间长大，从而与晶界的区别更加明显。

② 化学腐蚀法　将经研磨或抛光的试样，用 30% 的氢氟酸溶液腐蚀 5～10min 左右，用水冲洗并吹干，再以丙酮或乙醚擦净表面，溅射 Au 膜即可。晶界及晶界玻璃相比晶粒更加容易腐蚀，呈黑色，晶粒呈白色。

金属陶瓷的腐蚀方法与黑色金属一样。

2. 陶瓷材料的硬度

陶瓷材料的硬度比金属高，韧性不如金属。可用维氏硬度计或洛氏硬度计的 HRA 标度尺测试。用维氏硬度计测试，其结果精度较高，但操作较烦琐，应选用 10kgf（98N）以下的载荷，以提高测试精度。用洛氏硬度计的 HRA 标度尺测试，硬度可直接显示，操作较简便，要用 120°的金刚石圆锥压头，选用 60kgf（588N）的载荷。为避免压碎试样，试样的底面一定要磨平。

3. 塑料的固化特性

按塑料的热行为和成型工艺，可将其分为热塑性和热固性两类。

热塑性塑料是指热软化，冷固化，并可反复进行多次的塑料。这种塑料受热时结构不发生变化，加工工艺性好，可以常用注射、吹制、挤制、拉丝、焊接和热粘合等多种工艺加工。常用的有机玻璃、尼龙、ABS、聚丙烯、聚乙烯等都是热塑性塑料。

热固性塑料加热软化的同时，内部结构也发生变化，冷却固化后再加热不会软化。这种塑料只能采用热压发和注射法成型。常用的酚醛塑料（电木粉）、环氧树脂等都是热固性塑料。

三、实验方法和指导

1. 实验内容及步骤

ⅰ. 观察工程陶瓷和金属陶瓷的显微组织。

ⅱ. 测试工程陶瓷和金属陶瓷的硬度，每个试样测试三点。

ⅲ. 用有机玻璃做热变形实验，步骤如下：

① 在烧杯中加入 90℃ 的热水；

② 把有机玻璃放入热水中烫软，用手弯曲成各种形状，并反复几次。

ⅳ. 用酚醛塑料（电木粉）做塑料的固化实验。用镶嵌机制作一个酚醛塑料，步骤如下：

① 将镶嵌机的模腔清理干净，逆时针转动手轮，使下模降到最低点；

② 取 20mg 酚醛塑料粉，放入镶嵌机的模腔中，加入上模，合上盖板，拧紧盖板螺丝；

③ 打开电源，设置加热温度，酚醛塑料粉一般设置为 135℃；

④ 顺时针转动手轮到压力指示灯亮为止；

⑤ 当温度到达 135℃ 时，保温 30min；

⑥ 取试样时，先将手轮逆时针旋转数圈，再将盖板螺丝松开，然后再逆时针转动手轮，并将盖板转向一侧，最后将顺时针转动手轮，使上模和试样缓慢顶出。

2. 实验设备和材料

（1）金相显微镜

（2）洛氏硬度计

（3）镶嵌机

（4）氧化锆、氧化铝、氮化硅陶瓷试样，YG5、YT15 硬质合金试样。

（5）有机玻璃、烧杯。

（6）酚醛塑料（电木粉）。

四、实验报告

1. 实验目的。

2. 画出所观察试样的显微组织图。

3. 记录试样的硬度测试结果。

五、思考题

1. 工程陶瓷和金属陶瓷与金属在组织和性能上的主要区别是什么？

2. 从热塑性塑料和热固性塑料的成型特点分析，它们适宜制作什么产品？

第三部分

工程材料综合性、设计性实验

实验一 力学性能综合性实验

力学性能试验是检验金属材料、表征其内在质量的试验项目。是评定金属材料的重要指标，同时又是机械制造和工程中设计、选材的主要依据。常规的力学性能试验包括金属拉伸试验、扭转试验、弯曲试验、冲击试验、疲劳试验及磨损试验等。

一、实验目的

ⅰ.了解材料拉伸试验、扭转试验、弯曲试验、冲击试验、疲劳试验及磨损试验的原理；

ⅱ.掌握金属材料常用力学性能指标的测量和计算处理方法，加深对其物理意义的理解；

ⅲ.熟悉每种试验方法的试样、试验步骤及试验设备的使用。

二、实验内容

ⅰ.介绍力学性能有关的数据测量和计算方法及应用范围。

ⅱ.测量及示范测量低碳钢或中碳钢的屈服强度 σ_s（工程屈服点 $\sigma_{p0.2}$）、抗拉强度 σ_b、延伸率 δ、断面收缩率 ϕ、扭转屈服强度 $\tau_{p0.3}$、扭转条件强度极限 τ_b、扭转切应变 γ_k、冲击韧性 a_k、条件疲劳极限 S-N 曲线、材料的耐磨性和磨损曲线。

三、力学性能指标的定义和测试方法

这里主要介绍弹性模量 E、屈服强度 σ_s（工程屈服点 $\sigma_{p0.2}$）、抗拉强度 σ_b、延伸率 δ、断面收缩率 ϕ 的物理意义和测试方法。

1. 物理意义

在材料试验机上进行静拉伸试验，试样在负荷平稳增加下发生变形直至断裂。通过试验机自动记录装置可给出试样在拉伸过程中的伸长和负荷之间的关系曲线，即 F-ΔL 曲线，习惯上称此曲线为试样的拉伸图。图 3-1 即为低碳钢的拉伸图。

拉伸图的纵坐标表示负荷 F，单位是牛顿（N），横坐标表示绝对伸长 ΔL，单位是毫米（mm）。

试样拉伸过程中，开始试样伸长随载荷成比例地增加，保持直线关系。载荷超过一定值以后，拉伸曲线开始偏离直线。

一般来说材料在拉伸的全过程可分为三

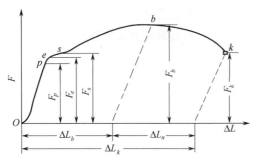

图 3-1 低碳钢的拉伸图

个阶段：弹性变形阶段（曲线上 Oe 段），塑性变形阶段（曲线上 eb 段）和断裂阶段（曲线 bk 段）。

图 3-2 是应力-应变图。应力-应变图是从拉伸图 $F\text{-}\Delta L$ 得到的，把纵坐标 F 除以拉伸试样的原始横截面积 S_0 即得一新的纵坐标 $\sigma = F/S_0$，把横坐标 ΔL 除以试样工作区长度 L_0，可得一新的横坐标 $\varepsilon = \Delta L/L_0$，然后把 $F\text{-}\Delta L$ 曲线上的点（F，ΔL）换算成（σ，ε），点入新坐标 $\sigma\text{-}\varepsilon$ 中去，这样就可得到应力-应变曲线了。拉伸力学性能指标就是从 $\sigma\text{-}\varepsilon$ 曲线中去定义的。在弹性阶段共有三个指标，它们是：

① 比例极限 σ_p　图 3-2 中的 p 点，它是应力和应变成比例的极限应力。其表达式为：$\sigma_p = F_p/S_0$。超过这一点，σ 和 ε 就不成正比了。

② 弹性极限 σ_e　图 3-2 中的 e 点，它是应力和应变成弹性关系的极限应力。其表达式为：$\sigma_e = F_e/S_0$。超过这一点，就要产生塑性变形。

③ 弹性模量 E　在 Op 段内，应力与应变成正比，即虎克定律成立，具体表达式为：$\sigma = E\varepsilon$，即 $E = \sigma/\varepsilon$，由此式可知，在一定应力 σ 下，应变 ε 越小，E 越大；ε 越大则 E 越小，所以 E 是表示材料刚度大小的一个物理量。

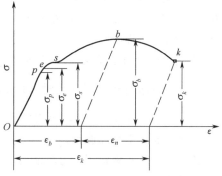

图 3-2　低碳钢的应力-应变曲线

在塑性变形阶段主要有屈服点 σ_s：

屈服点 σ_s 的定义为材料产生屈服时的应力值，或定义为材料抵抗起始（塑性变形）的抗力。其表达式为：$\sigma_s = F_s/S_0$。由于材料的不同，其屈服现象和形式就不同，因此，上面的严格定义还得具体化，以便可进行测试和工程应用。这里要指出的是，材料的 σ_s 是材料强度的一个重要指标，在设计和材料研究中有极为重要的作用。

在断裂阶段，即从缩颈开始至断裂为止，有下列四项指标。

① 抗拉强度 σ_b　试样拉断的最大应力叫做抗拉强度。它是材料对缩颈开始的抗力。也即应力-应变曲线上的最高应力点。其表达式为 $\sigma_b = F_b/S_0$。σ_b 是材料强度的又一个重要指标，对于设计和选材有重要的作用。σ_b 和 σ_s 一起被称为是反映材料强度基本属性的指标。

② 实际断裂强度 σ_k　它的定义是 $F\text{-}\Delta L$ 曲线上实际断裂点的载荷 F_k 除以断裂缩颈处的最小截面积，它表示材料的实际抗拉强度。σ_k 比 σ_b 大，它在研究材料的断裂抗力中有重要价值。

③ 材料的伸长率 δ　其定义为 $\delta = \dfrac{L_1 - L_0}{L_0} \times 100\%$，其中 L_1 为试样断裂后，两标点间的长度。δ 是反映材料塑性变形能力大小的指标。

④ 材料的断面收缩率 ϕ　其定义为 $\phi = \dfrac{S_0 - S_1}{S_0} \times 100\%$，其中 S_1 是试样拉断后缩颈处的最小面积。ϕ 也是反映材料塑性变形能力的一个指标，与 δ 不同之处是 ϕ 代表的是收缩变形，而 δ 则表示伸长变形。

ϕ 和 δ 一起是材料另一个基本属性——塑性的衡量指标。

上面介绍了材料在静拉伸载荷下的各项性能指标。需要指出的是其中 σ_p、σ_e 和 σ_s 虽然物理意义明确，但如何准确测出应力-应变成比例的极限点（p 点）和成弹性关系的极限点（e 点）就与测试仪器的灵敏度大有关系；对有明显屈服点的又如何区别上、下屈服点，取哪一个更合适；对于无明显屈服点的材料，如何来定义其屈服抗力，这一系列问题，就必须给出上述指标相应的工程定义。

国标 GB 228—87 在对 σ_p、σ_e 和 σ_s 三个指标的工程定义综合分析后认为，它们都是对微量（不同数值）塑性变形的抗力，完全可以把它们统一起来。其办法是提出两个新概念（新指标）来统一给 σ_p、σ_e 和 σ_s（不明显屈服的材料）下工程定义。

① 规定非比例伸长应力 σ_{pt}　当应力超过 p 点后，材料产生了非比例伸长（由于塑性变形和滞弹性造成），规定非比例伸长就等于规定了非伸长应变，例如规定 $\varepsilon = 0.01\%$、0.05%、0.2% 时，此时的应力记为 $\sigma_{p0.01}$、$\sigma_{p0.05}$、$\sigma_{p0.2}$，它们分别叫做工程比例极限、工程弹性极限和工程屈服点。

② 规定残余伸长应力 σ_{pe}　当应力超过 p 点后，材料就产生了残余变形，当规定了残余伸长达到原始标距某一百分比时（即 $\varepsilon_{残} = \dfrac{\Delta L_{残}}{L_0} \times 100\%$）其应力记为 σ_{pe}。只要规定 $\varepsilon_{残} = 0.01\%$、0.05% 和 0.2% 时，测得的应力就是 $\sigma_{p0.01}$、$\sigma_{p0.05}$、$\sigma_{p0.2}$，它们就是工程比例极限、工程弹性极限和工程屈服点。

必须指出，在规定了 ε 的数值后，上述两个指标 σ_{pt} 和 σ_{pe} 相差不大。对于大多数金属材料，一般认为 $\sigma_{pt} = \sigma_{pe}$。

工程屈服点就是残余伸长达到原始标距 0.2% 时的应力，记为 $\sigma_{p0.2}$。

2. 测试方法和步骤

（1）屈服强度 σ_s

具有物理屈服现象的金属材料，如退火状态的 20 钢或 45 钢，其拉伸曲线的类型如图 3-3 所示。

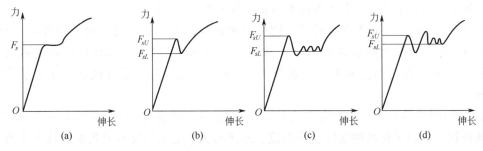

图 3-3　具有物理屈服现象金属材料拉伸（力-伸长）曲线

如拉伸曲线为图 3-3（a），试样在拉伸过程中试验力达到 F_s 并保持恒定，变形仍然继续增加，此时的 σ_s 可用下式计算：

$$\sigma_s = F_s / S_0$$

S_0 为试样原始横截面积。

如果试样在屈服过程中试验力发生下降或波动［图 3-3（b）、（c）、（d）］，则区分上、下屈服点。

上屈服点 σ_{sU}：试样发生屈服而试验力首次下降前的最大应力。

$$\sigma_{sU} = F_{sU} / S_0$$

下屈服点 σ_{sL}：当不计初始瞬间效应（指在屈服过程中试验力第一次发生下降）时屈服阶段中的最小应力。

$$\sigma_{sL} = F_{sL}/S_0$$

一般在无特殊要求的情况下，只测定屈服点或下屈服点。

F_s、F_{sU}、F_{sL} 等试验力值可用以下两种方法测定。

① 图解法　试验时用自动记录装置绘制力-伸长曲线图（见图 3-3）。然后从曲线上确定出相应的试验力值。为了准确起见，要求自动记录装置具有足够大的放大比例。

② 指针法　试验时观察拉伸试验机测力度盘的指针，当指针停止转动时的恒定力或指针首次回转前的最大试验力，或不计初始瞬间效应的最小试验力，即分别为 F_s、F_{sU}、F_{sL}。

（2）工程屈服点 $\sigma_{p0.2}$

如前所述，$\sigma_{p0.2}$ 为残余伸长达到原始标距 0.2% 时的应力。它的测量可用卸力法。

现在说明卸力法的具体测定过程。

如果试样原始直径 $d_0 = 10\text{mm}$，则 $S_0 = 78.5\text{mm}^2$。所用引伸计标距为 50mm，每一分格为 0.01mm。测定 $\sigma_{p0.2}$ 所要求的引伸计标距内的残余伸长量为 $50\text{mm} \times 0.2\% = 0.1\text{mm}$，折合引伸计分格数为 $0.1\text{mm} + 0.01\text{mm} = 10$ 分格。

所用试验机最大试验力为 600kN，选用度盘的测力范围为 0~120kN。

该试样预期 $\sigma_{p0.2} \approx 800\text{N/mm}^2$，相应于此应力值 10% 的预试验力为：

$$F_0 = 10\% \times \sigma_{p0.2} \times S_0 = 0.1 \times 800\text{N/mm}^2 \times 78.5\text{mm}^2 = 6280\text{N}$$

化整后取为 6000N，调整引伸计使引伸计在此预试验力下读数为零，作为条件零点。

现用卸力法求 $F_{p0.2}$

从 F_0 起第一次加力应使试样在引伸计标距内产生的总伸长（相当于引伸计上的分格数）为：$10 + (1 \sim 2) = 11 \sim 12$ 分格，现取 12 分格。然后卸力至 F_0，此时试样已有残余变形，引伸计上可读出读数。如果引伸计上的读数位 2 分格，由于此数值离前面所计算的 10 分格为小，因而需继续加力，使试样进一步增大变形量。

第二次加力时，应使引伸计达到的读数为：在上次总伸长量 12 分格的基础上，加上规定残余伸长 10 分格与已产生残余伸长 2 分格之差，另外再加上 1~2 分格的弹性伸长增量，即 $12 + (10-2) + 2 = 22$ 分格。然后再卸力至 F_0，观察并记录引伸计的读数，如果读数为 7 分格，由于还没有达到所计算的 10 分格，所以需继续加力。第三次加力应使引伸计达到的读数为：$22 + (10-7) + (1 \sim 2) = 26 \sim 27$ 分格。

试验直至试样的残余伸长达到或超过 10 分格为止。

如果残余伸长为 10 分格，此时的试验力值即为 $F_{p0.2}$；如果超过 10 分格，可用内插法计算 $F_{p0.2}$。

从而得到：

$$\sigma_{p0.2} = F_{p0.2}/S_0$$

（3）抗拉强度 σ_b

抗拉强度为试样拉断过程中最大试验力所对应的应力。从拉伸图上的最高点可确定试验过程中的最大力 F_b（见图 3-4），或从试验机的测力度盘上读出最大力 F_b。然后进行

79

计算：

$$\sigma_b = F_b / S_0$$

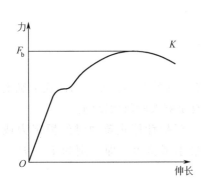

图 3-4　测定 σ_b 的图解法断后伸长率 δ

δ 是在试样拉断后测定的。将试样断裂部分在断裂处紧紧对接在一起，尽量使其轴线在一条直线上，测出试样断裂后标距间的长度 L_1，则可计算断后伸长率 δ：

$$\delta = \frac{L_1 - L_0}{L_0} \times 100\%$$

由于试样断裂位置对 δ 的大小有影响，其中以断在正中的试样伸长率为最大。因此，断后标距 L_1 的测量方法根据断裂位置不同而异，有如下两种。

① 直测法　如断裂处到最邻近标距端点的距离大于 $L_0/3$ 时，可直接测量标距两端点间的距离。

② 移位法　如断裂处到最邻近标距端点的距离小于或等于 $L_0/3$ 时，则用移位法将断裂处移至试样中部来测量。其方法如图 3-5 所示。

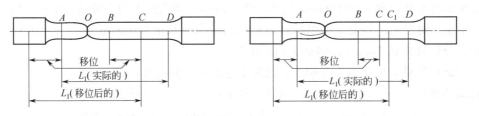

图 3-5　移位法测量 L_1

（4）断面收缩率 ϕ

ϕ 也是在试样断裂后测定的。只要测出颈缩处最小横截面积 S_1，则可计算出 ϕ 的值：

$$\phi = \frac{S_0 - S_1}{S_0} \times 100\%$$

3. 扭转强度测试方法

（1）扭转屈服强度 $\tau_{p0.3}$

扭转屈服强度 $\tau_{p0.3}$ 可用图解法和逐级施力法进行测试。现介绍逐级施力法。

事先对试样施加约相当于预期规定非比例扭转应力 $\tau_{p0.3}$ 的 10% 的预转矩，然后装卡扭转计并调整其零点。在相当于规定非比例扭转应力 $\tau_{p0.3}$ 的 70%～80% 以前，施加大等级转矩。以后施加小等级转矩。小等级转矩应相当于小于或等于 $10N/mm^2$ 的切应力增量。读取并记录各级转矩和相应的扭角。读取每个数据对的时间以不超过 10s 为宜。

从各级转矩下的扭角读数中减去计算所得的弹性部分的扭角，即得到非比例部分的扭角。

施加转矩直至得到非比例扭角或稍大于所规定的数值为止。用内插法求出精确的转矩 $T_{p0.3}$，并计算出 $\tau_{p0.3}$。

下面说明其具体测定方法。

试样直径 $d = 10mm$，截面系数 $W = 196.35mm^2$（对于圆试样，$W = \pi d^3/16$）。

扭转计标距 $L = 100mm$，扭转计分度：$0.00025rad$。

该试样的预期规定非比例扭转应力 $\tau_{p0.3}$ 为 $300N/mm^2$。

据此确定下列数据。

ⅰ. 对试样施加的预转矩 T_0。取初始预应力 $\tau_0 = 10\% \times \tau_{p0.3} = 30\mathrm{N/mm^2}$。相应预转矩 $T_0 = \tau_0 W$。$T_0 = 30\mathrm{N/mm^2} \times 196.35\ \mathrm{mm^2} = 5890.5\mathrm{N \cdot mm}$。取整 $T_0 = 6000\mathrm{N \cdot mm}$。

ⅱ. 相当于预期规定非比例扭转应力的 80% 时的转矩为：

$$T = 80\% \times \tau_{p0.3} \times W = 47124\mathrm{N \cdot mm}$$

取整 $T = 47000\ \mathrm{N \cdot mm}$。

ⅲ. 在预期规定非比例扭转应力的 80% 以前，施加 3 级大等级转矩，则每级转矩为：

$$\Delta T = (T - T_0)/3 = (47000 - 6000)/3 = 13666.67\mathrm{N \cdot mm}$$

取整 $\Delta T = 14000\mathrm{N \cdot mm}$。

ⅳ. 随后施加的小等级转矩取 $\Delta T_1 = 2000\mathrm{N \cdot mm}$。

开始阶段，转矩与扭角呈正比关系可在此线性范围内计算出小等级转矩的扭角平均增量 Δ。此后，每增加一小等级转矩，便从扭转计中减去一级比例扭角增量 Δ，便可算出比例扭角读数（分度）。

由于欲测定 $\tau_{p0.3}$，其规定的非比例切应变 $\gamma_p = 0.030\%$，所对应的扭转计分度数应为：

$$(2 \times 0.030 \times L/d)/0.00025 = 12\ \text{分度}$$

所以，当非比例扭角为 12 分度时对应的转矩即为 $T_{p0.3}$。而 $\tau_{p0.3}$ 则为：

$$\tau_{p0.3} = T_{p0.3}/W$$

（2）扭转强度极限 τ_b

试验时，对试样连续施加转矩，直至断裂。从记录的扭转曲线（图 3-6）上或从试验机扭矩度盘上读出试样扭断前所承受的最大转矩 T_b，然后计算即得。

$$\tau_b = T_b/W$$

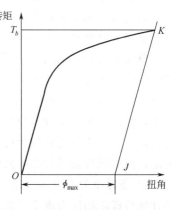

图 3-6　测 τ_b 和 γ_k 的图解法

（3）扭转切应变 γ_k

γ_k 为试样扭断时，其外表面上的最大切应变。它可以用图解法测定。如图 3-6 所示。试验时对试样连续施加转矩，记录转矩-扭角曲线，直至断裂。过断裂点 K 作曲线的弹性直线段的平行线 KJ 交扭角轴于 J 点。OJ 即为最大扭转角 ϕ。测出 ϕ 后按下式即可计算出 γ_k：

$$\gamma_k = \arctan(\phi d/2L)$$

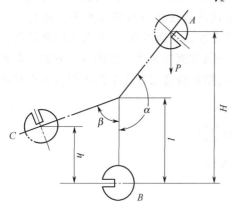

图 3-7　冲击试验原理

（4）冲击韧性 a_K

冲击试验通常在摆锤式冲击试验机上进行，其原理如图 3-7 所示。

试验时将试样放在试验机支座上，使之处于简支梁状态。首先将摆锤举起到 A 位置，其预扬角为 α，释放摆锤冲断试样后，摆锤扬起到 C 位置，其扬角为 β。

设在 A 位置摆锤具有的能量为 E_A，

$$E_A = PH = Pl(1 - \cos\alpha)$$

式中　P——摆锤的重力；

l——摆锤旋转轴到摆心的距离。

试样冲断后,摆锤扬起到 C 处,其能量为 E_C,

$$E_C = Ph = Pl(1 - \cos\beta)$$

如果忽略空气阻力等各种能量损失,则冲断试样说所消耗的能量(即试样的冲击吸收功)为:

$$A_K = Pl(\cos\beta - \cos\alpha)$$

A_K 的具体数值可根据 β 角的大小直接从冲击试验机的表盘上读出,其单位为 J。将冲击吸收功 A_K 除以试样缺口底部的横截面积 S_N,就得到材料的冲击韧性值 a_K:

$$a_K = A_K / S_N$$

a_K 的单位通常为 J/cm^2。

对于金属夏比 U 形缺口和 V 形缺口试样的冲击吸收功分别用 A_{KU} 和 A_{KV} 表示,它们的冲击韧性值分别用 a_{KU} 和 a_{KV} 表示。

(5) $S\text{-}N$ 曲线的测试

目前评定金属材料疲劳性能的基本方法就是通过实验测定其 $S\text{-}N$ 曲线(疲劳曲线),即建立最大应力 σ_{max} 或应力振幅 σ_a 与其相应的断裂循环周次 N 之间的关系曲线。由于实验时间有限,试验仅是示范性的,只是把方法作一介绍。

典型的 $S\text{-}N$ 曲线是由有限寿命(中等寿命)和长寿命(疲劳极限或条件疲劳极限)两部分组成。长寿命包含两个含义:一是在一定的应力水平下能够通过规定循环周次(10^8 或 5×10^7);二是该应力必须是所有通过规定循环周次的应力中的最大应力。在 $S\text{-}N$ 曲线的测试中,由于疲劳试验数据分散性大,若每个应力水平下只测定一个数据,则测得 $S\text{-}N$ 曲线的精度较差,为了得到较为可靠的试验结果,一般疲劳极限(或条件疲劳极限)采用升降法测定,而有限寿命部分则采用成组试验法测定。

① 条件疲劳极限 $\sigma_{R(N)}$ 的测定 测定条件疲劳极限通常使用升降法。该方法是从略高于预计疲劳极限的应力水平开始试验,然后逐渐降低应力水平。整个试验在 3~5 个应力水平下进行。升降法可用图 3-8 描述。其原则是:凡前一个试样若达不到规定循环周次 N_0 就断裂(用符号"×"表示),则后一个试样就在低一级应力水平下进行试验;相反,若前一个试样在规定循环周次 N_0 下仍然未断(用符号"○"表示),则随后的一个试样就在高一级应力水平下进行。按照此方法,直到得到 13 个以上的有效数据

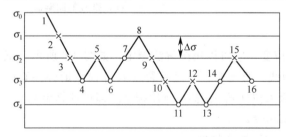

图 3-8 升降法示意

为止。在处理试验数据时,当出现第一对相反结果以前的数据应舍去,如图 3-8 中第 3 点和第 4 点是第一对出现相反结果的点,因此点 1 和点 2 的数据应舍去,余下的数据点方为有效数据。这时条件疲劳极限 $\sigma_{R(N)}$ 可按下式计算:

$$\sigma_{R(N)} = \sigma_{R(10^8)} = (1/m)\sum_{i=1}^{n} V_i \sigma_i$$

式中　　m——有效试验的总次数(断与未断均计算在内);

　　　　n——试验的应力水平级数;

　　　　σ_i——第 i 级应力水平;

　　　　V_i——第 i 级应力水平下的试验次数。

用升降法测定条件疲劳极限时要注意以下两个问题。

ⅰ. 应力水平的确定（包括第 1 级应力水平的确定及应力增量 $\Delta\sigma$ 的选择）方法。第 1 级应力水平应略高于预计的条件疲劳极限（对钢而言，由于其 $\sigma_{R(N)}$ 一般在 $(0.45\sim0.5)\sigma_b$ 之间，因此建议第 1 级应力 σ_1 取 $0.5\sigma_b$）。应力增量 $\Delta\sigma$ 一般为预计条件疲劳极限的 3%～5%［对于钢可取 $(0.015\sim0.025)\sigma_b$］。

ⅱ. 升降图是否有效，可根据以下两条来评定：

ⅰ 有效数据必须大于 13 个；

ⅱ "×" 和 "○" 的比例大体上各占一半。

② 有效寿命 S-N 曲线的测定　通常是用 4～5 级应力水平下的常规成组疲劳试验方法来测定。所谓成组试验法是指每个应力水平下测 3～5 个试样的数据，然后进行数据处理，计算出中值（即存活率为 50%）疲劳寿命。最后再将测定的结果在 σ-N 坐标上拟合成 S-N 曲线。在测定过程中要注意以下两点。

ⅰ. 确定各级应力水平。在 4～5 级应力水平中的第 1 级应力水平 σ_1：对光滑试样，取 $0.6\sim0.7\sigma_b$；对缺口试样，取 $0.3\sim0.4\sigma_b$。而第 2 级应力水平 σ_2 比 σ_1 减少 20～40N/mm^2，以后各级应力水平依次减少。

ⅱ. 每一级应力水平下的中值疲劳寿命 N_{50} 或 $\lg N_{50}$ 的计算。根据每一级应力水平下测得的疲劳寿命 N_1，N_2，N_3，…，N_n，代入下式计算中值（存活率 50%）疲劳寿命。

$$\lg N_{50} = (1/n)\sum_{i=1}^{n}\lg N_i$$

对上式取反对数，就可得到中值疲劳寿命 N_{50}。

如果在每一级应力水平下的各个疲劳寿命中，出现越出情况（即大于规定的 10^7 循环周次），则这一组试样的 N_{50} 不按上述公式计算，而取这一组疲劳寿命排列的中值。例如在某一级应力水平测得 5 个试样的疲劳寿命，按其大小次序排列如表 3-1 所示。

表 3-1　某一级应力水平 5 个试样的疲劳寿命

次　序	1	2	3	4	5
$N/10^3$	961	1245	5132	8741	13297

从表中可以看出，第五个数值出现越出，因为这一组测试总数为 5，为奇数，则其中值就是中间的第三个疲劳寿命值，即 $N_{50}=5132\times10^3$ 周次。若试验总数为偶数，则中值取中间两个数值的平均值。

③ S-N 曲线的绘制　把上述成组试验所得到的各级应力水平下的 N_{50} 或 $\lg N_{50}$ 数据点标在 σ-N 或 σ-$\lg N$ 坐标图中，拟合成 S-N 曲线。这条曲线就是具有 50% 存活率的中值 S-N 曲线。在 S-N 曲线的拟合中有两种基本方法：逐点描绘法和直线拟合法。这里仅对逐点描绘法作一介绍。

把所测数据标在坐标图上，用曲线板把各数据点光滑地连接起来，使曲线两侧数据点与曲线的偏离大致相等，如图 3-9 所示。在用逐点描绘法绘制 σ-N 或 σ-$\lg N$ 曲线时，凡按升降法测得的条件疲劳极限（如图中的点⑥），也可以和成组试验数据点（图中点

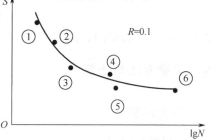

图 3-9　某材料的 σ-$\lg N$ 曲线

①～点⑤）合并在一起，绘制成从有限寿命到长寿命的完整的 σ-N 或 σ-lg N 曲线。

（6）耐磨性的测定

材料耐磨性能的好坏取决于在磨损试验中的磨损量，在相同磨损条件下，磨损量越大，材料的耐磨性越差。所以磨损试验的关键在于如何测出磨损量的大小。目前常用的方法有：秤重法（又称失重法）、测长法、磨痕法、压痕法等，其中以秤重法应用最为普遍，这里只介绍秤重法。

① 定义及其表示方法　秤重法以试样在磨损试验前后的重量差来表示磨损量（通常以克为计量单位），用符号 Δm 表示：

$$\Delta m = m_0 - m_1$$

式中　m_0——试样磨损前原始重量；

　　　m_1——试样磨损后重量。

因为磨损试验结果受很多因素影响，试验数据分散性较大，因此，一般在试验过程中，同一个试验条件下需测定 3～5 个数据点。其磨损量常用算术平均值来表示。即：

$$\overline{\Delta m} = 1/n \sum_{i=1}^{n} \Delta m_i (i = 1, 2, 3, \cdots)$$

秤重法应用广泛，无论哪种磨损试验机，也无论哪种磨损试样均可用秤重法测定其磨损量。

② 秤重法的测量方法及要求　试样重量测定应在万分之一的分析天平上进行。但在测量操作时应注意以下两点。

ⅰ. m_0 应是经过跑合试验（加 50～100N 压力，经过 0.5～1h 干摩擦运行）之后的重量；

ⅱ. 试样在秤重前（无论是磨损前或磨损后的试样），都必须用酒精或丙酮清洗干净并烘干，否则将影响试验数据的准确性。

③ 耐磨性 ε 的评定　耐磨性是表示材料在一定摩擦条件下磨损量的多少。但由于磨损量这个概念有不完善之处，所以常用磨损率 W_r 来表示。这样，耐磨性的大小就可用磨损率 W_r 的倒数来评定。即：

$$\varepsilon = 1/W_r$$

磨损率是表示单位摩擦行程（以 km 计）或单位时间（以 min 计）内的磨损量。常用下面两种表示方法：

ⅰ. 单位摩擦行程的磨损量 W_{rL}：

$$W_{rL} = (m_0 - m_1)/SL$$

式中　S——受磨损面积，mm^2；

　　　L——摩擦行程，km。

ⅱ. 单位时间的磨损量 W_{rt}：

$$W_{rt} = (m_0 - m_1)/t$$

式中　t——摩擦时间，min。

四、实验方法与步骤

（一）拉伸试验

1. 材料与试样

凡是在拉伸过程中不产生屈服现象的材料都可作为试验用材。本试验推荐用 45 钢或

40Cr 钢，热处理状态分别为淬火后 200℃、400℃、600℃、回火。

实验采用 $d_0 = 10mm$ 的圆形短试样或厚度为 2.5～5mm 的矩形短比例标距试样。由于试样硬度较高，圆形试样头部应加工成双肩形或螺纹状；矩形试样的头部应开圆孔。试样头部的具体尺寸，应根据所用试验机的夹头附件确定。

试验时，分成若干实验小组，每组领取试样三个，每个状态试样各一个。

2. 实验设备和仪器

ⅰ. 万能材料试验机一台；

ⅱ. 拉力传感器和位移传感器各一个；

ⅲ. 动态电阻应变仪及 X-Y 函数记录仪各一台；

注：ⅱ.、ⅲ. 为用图解法测定规定非比例伸长应力的仪器。

ⅳ. 引伸计一只；

ⅴ. 标定器一台；

ⅵ. 游标卡尺、手锤、冲头或打标点机、钢字等。

3. 实验方法

（1）试样的准备

ⅰ. 了解试样的材料与热处理状态，并对试样进行编号；

ⅱ. 用游标卡尺测量试样横截面尺寸；

ⅲ. 在试样上标出原始标距，并将试样标距范围内的部分均分为 10 等分，轻轻打上标点。

（2）试验设备和仪器的准备

ⅰ. 了解所用设备和仪器的构造原理、特性和基本参数。学习操作规程和安全事项，掌握操作方法；

ⅱ. 安装自动记录绘图装置，并调整放大倍数；

ⅲ. 用标定器对位移传感器、记录装置和引伸计进行标定；

ⅳ. 根据被测材料特性估计最大拉伸力，选择试验机测力度盘（使最大力值指示在测力度盘的 20% 以上），并挂上相应的摆砣；

ⅴ. 开动试验机使工作台缓慢上升 10mm 左右，用平衡砣将摆锤调到垂直位置，并调整指针位置使之指在度盘"零"点上。

（3）实验操作

ⅰ. 用图解法测定其中一根试样的规定非比例伸长应力 $\sigma_{p0.2}$。对于试样断裂后不能自动脱落的位移传感器，当拉伸曲线的伸长坐标超过 $nL \times 0.2\%$ 以后，应将位移传感器卸下来，再将试样拉断，从测力度盘上读出最大力值 F_b。

ⅱ. 用引伸计测量另外两根试样的规定非比例伸长应力 $\sigma_{p0.2}$。当用引伸计测出 $F_{p0.2}$ 以后取下引伸计，将试样拉断，从测力度盘上读出最大力值 F_b。

ⅲ. 测量试样拉断后的标距 L_1 及缩颈处最小直径 d_1 或 a_1、b_1，并分别计算 δ 和 ϕ；

ⅳ. 观察试样断口，分析试样随回火温度的变化不同断口形貌的特征。

（二）扭转试验

1. 实验用材料及试样

本试验推荐用 45 钢或 40Cr 钢，热处理状态分别为淬火后 200℃、400℃、600℃ 回火。

试样形状为圆形。根据所用扭转计的不同，可将试样的直径加大、标距加长。

每个小组领取试样三根，和拉伸试验相同。

2. 实验设备和仪器

ⅰ. 扭转试验机一台；

ⅱ. 扭转计一台，允许使用不同类型的扭转计（如光学扭转计、表式扭转计、电子扭转计等）测量扭角。要求扭转计能牢固地装卡在试样上，试验过程中不产生滑移；扭转计标距偏差应不大于±0.5%；示值线性误差应不大于±1%。

ⅲ. 游标卡尺一把。

3. 实验操作

ⅰ. 了解所用扭转试验机和扭转计的构造原理和特性，学习操作规程和安全事项，掌握操作方法；

ⅱ. 用游标卡尺测量试样尺寸；

ⅲ. 根据材料性质估算所需最大转矩，选好试验机的转矩度盘，使最大转矩指示值在度盘的后半圈内；

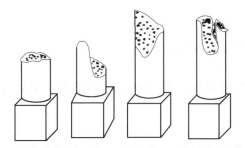

(a) 塑性材料断口　(b) 脆性材料断口　(c) 木质纤维状断口

图 3-10　扭转试样的断裂特征

ⅳ. 对试样用逐级施力法测定规定非比例扭转切应力 $\tau_{p0.3}$；

由教师提供材料的预期规定非比例扭转切应力 $\tau_{p0.3}$ 之值。据此算出应施加的预转矩 T_0 及施加转矩的等级。

装好试样后，施加预转矩，在试样上装卡扭转计，调整扭转计零点。

测定 $\tau_{p0.3}$ 后，卸下扭转计将试样扭断，从转矩度盘上读出试样断裂前所承受的最大转矩 T_b，并记录下最大扭角 ϕ_{max}。

ⅴ. 按照有关公式计算出试验材料的 $\tau_{p0.3}$、τ_b 和 γ_{max}；

ⅵ. 观察扭转试样的断裂特征，常见扭转试样的断裂特征见图 3-10。

（三）冲击试验

1. 实验用材料及试样

本试验推荐用 45 钢或 40Cr 钢，热处理状态分别为淬火后 200℃、400℃、600℃回火。统一用夏比 U 形或 V 形缺口冲击试样。每个小组领取每一种处理状态试样各三根。

2. 实验用设备及仪器

ⅰ. 摆锤式冲击试验机一台；

ⅱ. 游标卡尺，钢字、手锤等。

3. 实验操作

ⅰ. 试样准备：领取试样，在端部打上编号。用棉纱擦净试样后测量其尺寸。

ⅱ. 了解冲击试验机的构造、工作原理、操作方法及安全事项。

ⅲ. 检查试验机：

① 检查冲击试验机各电动开关是否正常；

ⅱ 校正指针的零点位置；

ⅲ. 检查支座间距是否为 40mm，是否对称。

ⅳ. 进行冲击试验：上提摆锤，把试样放在试验机支座上并对中，把指针拨到表盘标尺的最大位置，释放摆锤让其冲击试样，试样冲断后立即刹车，记录表盘上指针所指示的冲击吸收功 A_{KU}（或 A_{KV}），然后把指针拨回。

ⅴ. 用放大镜或体视显微镜观察试样的断口形貌：纤维区、晶状区和剪唇区。并估计各部位所占整个断口的百分数，由此判断试样的脆性及塑韧性。冲击试样的断口形貌示意图见图 3-11。

ⅵ. 计算每一个热处理状态试样 A_{KU}（或 A_{KV}）的平均值，并用以计算 a_{KU} 或 a_{KV}。

纤维区　　晶状区　　剪唇区

图 3-11　冲击试样断口
形貌示意

（四）弯曲疲劳试验

1. 实验用材料及试样

本实验在旋转弯曲疲劳试验机上进行，试样用圆柱型光滑弯曲疲劳试样。试验材料推荐用 45 钢或 40Cr 钢，热处理状态分别为淬火后 200℃、400℃、600℃回火。可以任选一种回火温度。

2. 实验设备和仪器

ⅰ. 旋转弯曲疲劳试验机一台；

ⅱ. 游标卡尺一把。

3. 实验操作

因疲劳试验周期较长，所以本试验以演示方式进行。

ⅰ. 领取试样，将试样两端打上编号。

ⅱ. 用游标卡尺测量试样尺寸，测量方法为：在试样工作区的两个相互垂直方向各测一次，取其平均值。

ⅲ. 了解试验机的结构、工作原理及使用方法；

ⅳ. 了解 S-N 曲线和条件疲劳极限 $\sigma_{R(N)}$ 的测定方法；

ⅴ. 根据拉伸试验所得的 σ_b 确定各级应力水平；

ⅵ. 安装试样。将试样安装在试验机上，使其与试验机主轴保持良好同轴。再用联轴节将旋转整体与电动机连接起来，同时把计数器调零及电动机转速调节器调至零点。

ⅶ. 正式试验。接通电源，转动电动机转速调节器，由零逐渐加快。试验时，一般以 6000r/min 为宜。当达到试验转速后，再把估算的砝码加到砝码盘上并平稳加载。

ⅷ. 观察与记录。由高应力到低应力水平，逐级进行试验。如果试样断裂，记录下该试样的循环周次并观察断口位置及其断口特征。

（五）磨损试验

1. 实验用材料及试样

下试样的材料推荐用 45 钢或 40Cr 钢，热处理状态分别为淬火后 200℃、400℃、600℃回火。可以任选一种回火温度。上试样可选择 GCr15 并经淬火加低温回火处理。

本试验所用上下试样均为圆盘状试样。

2. 实验设备和仪器

ⅰ. MM-2000 型磨损试验机一台；

ⅱ. 洛氏硬度计一台；

ⅲ. 分析天平（感量为1/10000）一台；

ⅳ. 装夹工具。

3. 实验操作

因磨损试验较费时间，本试验同样以演示方式进行。或者全班分成若干小组共同做出一条磨损曲线（Δm-F 关系曲线）。Δm 为纵坐标，表示失重量，F 为横坐标，表示压力，如图 3-12 所示。磨损时间统一为 30min。

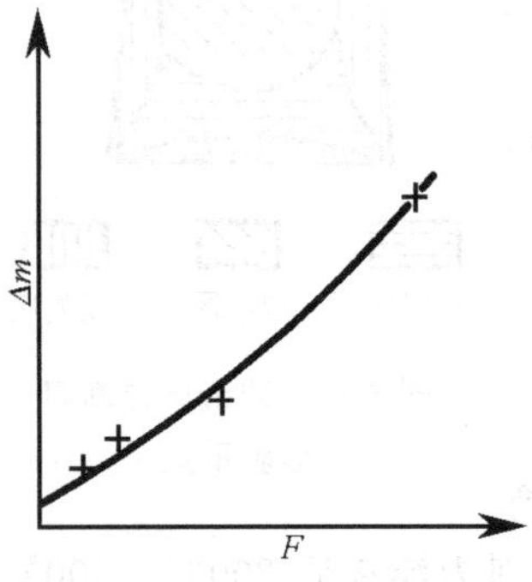

（1）磨损试验条件

压力：100N、200N、300N、400N。

时间：30min。

转速：200r/min。

介质：干摩擦。

（2）试样准备

ⅰ. 领取试样，将试样编号，打上钢印；

图 3-12　磨损曲线示意图

ⅱ. 把配对好的试样进行跑合试验。将跑合后的试样用酒精或丙酮进行清洗，吹干后用分析天平秤出其原始重量 m_0。

ⅲ. 安装试样，保证试样所承受的比压基本一致，将载荷指针用调节螺母调整至"0"点位置。

ⅳ. 按确定的运转速度开机运转。

ⅴ. 开机后再开始加载。加载速度应平稳，加到所需载荷后开始记录磨损时间。

ⅵ. 磨损过程中不能随意停机。试验结束后应先卸载再停机。

ⅶ. 停机后取下试样，用酒精或丙酮进行清洗，吹干后用分析天平秤出其重量 m_1，计算出 Δm。

ⅷ. 待所有小组试验完成后，绘制 Δm-F 关系曲线。

五、对实验报告的要求

ⅰ. 说明本实验所用设备及仪器的型号与特性。

ⅱ. 说明用引伸计法测定金属材料 $\sigma_{p0.2}$ 的过程。

ⅲ. 说明所试材料抗扭强度 τ_b 的测定过程及结果。

ⅳ. 示意绘出冲击试样断口形貌，并指出不同的区域和名称。

ⅴ. 简述用升降法测定 $\sum \sigma_{R(N)}$ 的方法。

ⅵ. 简述磨损实验方法。根据所得试验数据绘制所试材料的 Δm-F 关系曲线。

ⅶ. 根据下面的表格样本将试验所得数据进行汇总。表格样本见表 3-2。并分析不同热处理状态的试样在不同力学性能试验条件下的表现，结合它们的显微组织指出其原因。

表 3-2　试验所得数据汇总表

材 料	热处理状态	$\sigma_{p0.2}$	σ_b	δ	ϕ	$\tau_{0.3}$	τ_b	γ_k	a_K

六、思考题

1. 简述 σ_s 和 σ_b 的共同点和区别。

2. 为什么同一材料用不同热处理工艺处理后力学性能不同？试从显微组织的角度分析其原因。

3. 为什么疲劳试验和磨损试验需要开机后再开始加载，并且要缓慢加载？

实验二　典型零件材料的选择和应用

一、实验目的

ⅰ. 了解典型零件材料的选用原则。

ⅱ. 掌握典型零件的热处理工艺和加工工艺路线。

ⅲ. 学会分析每道热处理工艺后的显微组织。

二、实验原理

（一）选材的一般原则

机械零件产品的设计，不仅仅要完成零件的结构设计，而且要完成材料设计。零件的材料设计有两方面的内容：一是要满足零件的设计及使用性能要求选择适当的材料；二是根据工艺和性能要求设计最佳的热处理工艺和零件加工工艺。

选材的一般原则是选择的材料具有可靠的使用性、良好的工艺性，制造产品的方案具有最高的劳动生产率，最少的工序周转和最佳的经济效果。

1. 材料的使用性能

材料的使用性能有物理性能、化学性能、力学性能。

在工程设计中人们所关心的是材料的力学性能。力学性能指标有：屈服强度（屈服点 σ 或 $\sigma_{0.2}$）、抗拉强度（σ_b）、疲劳强度（σ_{-1}）、弹性模量（E）、硬度（HB 或 HRC）、伸长率（δ）、断面收缩率（Ψ）、冲击韧性（a_K）、断裂韧性（K_{IC}）。

一般零件在工作时都受到多种复杂载荷。在选材时，要根据零件的工作条件、结构因素、几何尺寸和失效形式提出制造零件的材料的性能要求，确定出主要性能指标，以此来选择材料。

分析零件的失效形式，找出失效的原因，可为选择合适的材料提供重要依据。

在选材时还要注意到零件的在工作时短时间的过载、润滑不良、材料的内部缺陷、材料性能与零件工作时要求的性能之间的差异等因素。

2. 材料的工艺性能

材料的工艺性能：铸造性能、锻造性能、切削加工性能、冲压性能、热处理工艺性能和焊接性能。

一般的机械零件都要经过多种工序加工而成，技术人员要根据零件的材质、结构、技术要求，确定最佳的加工方案和工艺，并按工序编制零件的加工工艺流程。对于单件或小批量生产，零件的工艺性并不显得重要，但在大批量生产时，材料的工艺性能则很重要。它直接影响到产品的质量、数量及成本。因此，在设计和选材时，在满足力学性能的前提下，使材料具有较好的工艺性能。材料的工艺性能可以通过改变工艺规范、调整工艺参数、改变结构、调整加工工序、变换加工方法或更换材料等方法得以改善。

3. 材料的经济效果

选择材料时，应在保证满足性能要求前提下，使用价格便宜、资源丰富的材料。要求具有最高的劳动生产率和最少的工序周转，从而达到最佳的经济效果。

（二）典型零件材料的选择及应用

1. 轴类零件材料选择及应用

工作条件：主要承受交变扭转载荷、交变弯曲载荷或拉压载荷，局部部位如轴颈承受摩擦磨损，有些轴还受到冲击载荷。

失效形式：断裂（多数是疲劳断裂）、磨损、变形失效等。

性能要求：具有良好的综合力学性能，足够的刚度以防止过量变形和断裂，高的断裂疲劳强度以防止疲劳断裂，受到摩擦的部位要有较高的硬度和耐磨性，有一定的淬透性，保证淬硬层深度。

2. 齿轮类零件的选材

工作条件：齿轮在工作时因传递动力而使齿轮根部受到弯曲应力，齿面有相互滚动和滑动摩擦的摩擦力，齿面相互接触处承受很大的交变接触压应力，并受到一定的冲击载荷。

失效形式：主要有疲劳断裂、点蚀、齿面磨损和齿面塑性变形。

性能要求：具有高的接触疲劳强度，高的表面硬度和耐磨性，高的抗弯曲强度，同时心部要有适当的强度和韧性。

3. 弹簧类零件的选材

工作条件：弹簧主要在动载荷下工作，即在冲击、振动或者长期均匀的周期改变应力的条件下工作，它起到缓和冲击力，使与它配合的零件不致受到冲击力而早期破坏。

失效形式：常见是疲劳破断、变形和弹簧失效变形等。

性能要求：必须具有高的疲劳极限（σ_s）与弹性极限（σ_p），尤其是要有高的屈强比（σ_s/σ_p）；高的疲劳极限（σ_{-1}）；要有一定的冲击韧性和塑性。

4. 轴承类零件的选材

工作条件：滚动轴承在工作时，承受着集中和反复的载荷。接触应力大，通常为 $150\sim500kg/mm^2$；其应力交变次数每分钟可高达数万次左右。

失效形式：过度磨损破坏、接触疲劳破坏等。

性能要求：具有高的抗压强度和接触疲劳强度；高而均匀的硬度；高的耐磨性；要有一定的冲击韧性和弹性；要有一定的尺寸稳定性。

所以要求轴承钢具有高的耐磨性及抗接触疲劳的能力。

5. 工模具类零件的选材

工作条件：车刀的刃部与工件及切屑摩擦产生热量，温度升高，有时可达 $500\sim600℃$；在切削的过程中还承受冲击、振动。

冷冲模具一般做落料冲孔模、修边模、冲头、剪刀等，在工作时刃口部位承受冲击力、剪切力和弯曲力，同时还与坯料又发生剧烈摩擦。

失效形式：主要有磨损、变形、崩刃、断裂等。

性能要求：具有高的硬度和红硬性，高的强度和和耐磨性，足够的韧性和尺寸稳定性，良好的工艺性能。

三、实验方法及指导

1. 实验内容及步骤

（1）典型零件的选材

在以下金属材料中选择适合制造机床主轴、内燃机曲轴、机床齿轮、汽车变速箱齿轮、汽车板簧、轴承滚珠、高速车刀、钻头、冷冲模九种零件（和工具）的材料，提出热处理工艺，并填入表 3-3 中。

表 3-3　热处理工艺

零件（或工具）名称	选 用 材 料	热 处 理 工 艺
机床主轴		
机床齿轮		
汽车板簧		
轴承滚珠（$\phi<10\text{mm}$）		
高速车刀		
钻头		
冷冲模		

金属材料是：A3、45 钢、65 钢、T10A、HT200、GCr15、W18Cr4V、60Si2Mn、5CrNiMo、20CrMnTi、H70、1Cr18Ni9、ZCHSnSb11-6、Cr12MoV。

（2）热处理工艺的制定

根据 Fe-FeC$_3$ 相图、C 曲线及回火转变得原理，参考有关教材热处理工艺部分的内容，制定给定材料（45 钢和 T10 钢）应获得组织的热处理工艺参数，选择热处理设备、冷却方法及介质，填入表 3-3 中。

（3）综合训练

ⅰ．机床主轴在工作时受到交变扭转、弯曲复合作用力，承受中等载荷，冲击载荷不大，轴颈部位受到摩擦磨损。

要求：机床主轴整体硬度要求为 25～30HRC，轴颈、锥孔部位硬度要求为 45～50HRC（本次实验不做要求）。

实验步骤如下。

① 查资料。

Ⅱ 试从下列材料：45 钢、T10、20CrMnTi、Cr12MoV 中选定一种最适合的材料制造机床主轴。

Ⅲ 写出加工工艺线路。

Ⅳ 制定预先热处理和最终热处理工艺。

Ⅴ 写出各热处理工艺的目的和获得的组织。

Ⅵ 经指导教师认可后，进实验室操作。

Ⅶ 利用实验室现有的设备，将选好的材料，按照自己制定的热处理工艺进行热处理。

Ⅷ 测试热处理后的硬度、观察每道热处理工艺后的组织并用数码相机拍摄其组织照片，看是否达到预期的目的。如有偏差，分析原因。

ⅱ．手用丝锥在工作时受到扭转和弯曲的复合作用，不受振动与冲击载荷。

手用丝锥（≤M12）的硬度要求为 HRC 不低于 60～62。

手用丝锥（≤M12）的金相组织要求：淬火马氏体针≤2 级。

实验步骤如下。

① 查资料。

ⅱ 试从下列材料：65 钢、T10、9CrSi、W18Cr4V、20Cr、H70 中选定一种最适合的材料制造手用丝锥（≤M12）。

Ⅲ 写出加工工艺线路。

Ⅳ 制定预先热处理和最终热处理工艺。

Ⅴ 写出各热处理工艺的目的和最终热处理后的组织。

Ⅵ 经指导教师认可后，进实验室操作。

Ⅶ 利用实验室现有的设备，将选好的材料，按照自己制定的热处理工艺进行热处理。

Ⅷ 测试热处理后的硬度、观察每道热处理工艺后的组织并用数码相机拍摄其组织照片，看是否达到预期的目的。如有偏差，分析原因。

2. 实验设备和材料

ⅰ．箱式电阻炉。

ⅱ．硬度计。

ⅲ 金相显微镜和数码相机。

ⅳ．抛光机。

Ⅴ．金相砂纸等。

ⅵ．供选择的金属材料。

四、实验报告要求

1. 实验目的。

2. 选择适当的材料，填入表 3-3 中。

3. 制定热处理工艺，填入表 3-4 中。

表 3-4　制定热处理工艺

材料	组织	热处理设备	热处理工艺	加热温度	保温时间	冷却介质	金相检验结果			硬度
							组织图	放大倍数	侵蚀剂	
45 钢	$M+F$									
	$M+A'$									
	$T_{回}$									
	$P+F$									
	$S_{回}$									

材料	组 织	热处理设备	热处理工艺	加热温度	保温时间	冷却介质	金 相 检 验 结 果			硬度
							组织图	放大倍数	侵蚀剂	
T10	$B_{下}$									
	$M_{粗片}A'$									
	MT									
	$M_{回}$									
	$M_{细针}+Fe_3C$									

4. 根据机床主轴和手用丝锥的实验步骤，写出实验的详细过程（包括材料选用、加工工艺线路、热处理工艺、测试的硬度值、附每道热处理工艺后的显微组织照片）。

5. 分析存在问题，提出改进的方案。

五、思考题

1. 在热处理工艺中，预先热处理对最终热处理后的组织的影响。

2. 本次实验的体会。

附　　录

附录一　常用的化学侵蚀剂

序号	试剂名称	成　　分		适 用 范 围	注 意 事 项
1	硝酸酒精溶液	硝酸 酒精	1～5mL 100mL	碳钢及低合金钢的组织显示	硝酸含量按材料选择,侵蚀数秒钟
2	苦味酸酒精溶液	苦味酸 酒精	1～5mL 100mL	对钢铁材料的细密组织显示较清晰	侵蚀时间自数秒至数分钟
3	苦味酸盐酸酒精溶液	苦味酸 盐酸 酒精	1～5mL 5mg 100mL	显示淬火及淬火回火后的晶粒和组织	侵蚀时间较上例约快数秒钟至1min
4	苛性钠苦味酸水溶液	苛性钠 苦味酸 水	25mg 2mg 100mL	钢中的渗碳体染成暗黑色	加热煮沸浸5～30min
5	氯化铁盐酸水溶液	氯化铁 盐酸 水	5g 50mg 100mL	显示不锈钢,奥氏体高镍钢,铜及铜合金组织显示奥氏体不锈钢的软化组织	侵蚀至显现组织
6	王水甘油溶液	硝酸 盐酸 甘油	10mg 20～30mg 30mg	显示奥氏体镍铬合金等组织	先将盐酸于甘油充分混合,然后加热硝酸,试样浸前先行用热水预热
7	高锰酸钾苛性钠	高锰酸钾 苛性钠	4g 4g	显示高合金钢中碳化物、σ相等	煮沸使用,侵蚀1～10min
8	氨水双氧水溶液	氨水(饱和) 双氧水(3%)	50mL 50mL	显示铜及铜合金组织	随用随配,以保持新鲜,用棉花蘸擦拭
9	氯化铜氨水溶液	氯化铜 氨水(饱和)	8g 100mL	显示铜及铜合金组织	侵蚀30～60s
10	硝酸铁水溶液	硝酸铁 水	10g 100mL	显示铜合金组织	用棉花擦拭
11	混合酸	氢氟酸(浓) 盐酸 硝酸 水	1mL 1.5mL 2.5mL 95mL	显示硬铝组织	侵蚀10～20s或用棉花蘸擦
12	氢氟酸水溶液	氢氟酸(浓) 水	0.5mL 99.5mL	显示一般铝合金组织	用棉花擦拭
13	苛性钠水溶液	苛性钠 水	1g 90mL	显示铝及铝合金组织	侵蚀数秒钟
14	显示原始奥氏体晶界	1.苦味酸 白猫洗涤精(内含烷基磺酸钠) 水 2.盐酸 硝酸 水	3g 0.5g 100mL 25mL 4mL 25mL	12CrNi3、30CrMnSi、38CrMoAl、40CrNiMo 等显示回火高速钢原始奥氏体晶界	温度40～60℃ 时间1.5～2min 侵蚀后轻抛数秒

附录二 压痕直径与布氏硬度对照表 （GB 231—84）

球直径 D/mm	压痕直径 d/mm					F/D²						
						30	15	10	5	2.5	1.25	1
10						3000(29.42kN)	1500(14.71kN)	1000(9.807kN)	500(4.903kN)	250(2.452kN)	125(1.226kN)	100(980.7kN)
5						750(7.355kN)	—	250(2.452kN)	125(1.226kN)	62.5(612.9kN)	31.25(306.5N)	25(245.2N)
2.5						187.5(1.839kN)	—	62.5(612.9kN)	31.25(306.5N)	15.625(153.2N)	7.813(76.61N)	6.25(61.29N)
2						120(1.177kN)	—	40(392.3N)	20(196.1N)	10(98.07N)	5(49.03N)	4(39.23N)
1						30(294.2N)	—	10(98.07N)	5(49.03N)	2.5(24.52N)	1.25(12.26N)	1(9.807N)
D	**10**	**5**	**2.5**	**2**	**1**	试 验 力 F/kgf ／ 布氏硬度/HBS或HBW						
	2.40	1.200	0.6000	0.480	0.240	653	327	218	109	54.5	27.2	21.8
	2.45	1.225	0.6125	0.490	0.245	627	313	209	104	52.2	26.1	20.9
	2.50	1.250	0.6250	0.500	0.250	601	301	200	100	50.1	25.1	20.0
	2.55	1.275	0.6375	0.510	0.255	578	289	193	96.3	48.1	24.1	19.3
	2.60	1.300	0.6500	0.520	0.260	555	278	185	92.6	46.3	23.1	18.5
	2.65	1.325	0.6625	0.530	0.265	534	267	178	89.0	44.5	22.3	17.8
	2.70	1.350	0.6750	0.540	0.270	514	257	171	85.7	42.9	21.4	17.1
	2.75	1.375	0.6875	0.550	0.275	495	248	165	82.6	41.3	20.6	16.5
	2.80	1.400	0.7000	0.560	0.280	477	239	159	79.6	39.8	19.9	15.9
	2.85	1.425	0.7125	0.570	0.285	461	230	154	76.8	38.4	19.2	15.4
	2.90	1.450	0.7250	0.580	0.290	444	222	148	74.1	37.0	18.5	14.8
	2.95	1.475	0.7375	0.590	0.295	429	215	143	71.5	35.8	17.9	14.3
	3.00	1.500	0.7500	0.600	0.300	415	207	138	69.1	34.6	17.3	13.8
	3.05	1.525	0.7625	0.610	0.305	401	200	134	66.8	33.4	16.7	13.4
	3.10	1.550	0.7750	0.620	0.310	388	194	129	64.6	32.3	16.2	12.9
	3.15	1.575	0.7875	0.630	0.315	375	188	125	62.5	31.3	15.6	12.5
	3.20	1.600	0.8000	0.640	0.320	363	182	121	60.5	30.3	15.1	12.1
	3.25	1.625	0.8125	0.650	0.325	352	176	117	58.6	29.3	14.7	11.7
	3.30	1.650	0.8250	0.660	0.330	341	170	114	56.8	28.4	14.2	11.4
	3.35	1.675	0.8375	0.670	0.335	331	165	110	55.1	27.5	13.8	11.0
	3.40	1.700	0.8500	0.680	0.340	321	160	107	53.4	26.7	13.4	10.7
	3.45	1.725	0.8625	0.690	0.345	311	156	104	51.8	25.9	13.0	10.4

球直径 D/mm（压痕直径 d/mm）					F/D^2（试验力 F/kgf，布氏硬度/HBS 或 HBW）						
10	5	2.5	2	1	30	15	10	5	2.5	1.25	1
					3000(29.42kN)	1500(14.71kN)	1000(9.807kN)	500(4.903kN)	250(2.452kN)	125(1.226kN)	100(980.7kN)
					750(7.355kN)	—	250(2.452kN)	125(1.226kN)	62.5(612.9kN)	31.25(306.5N)	25(245.2N)
					187.5(1.839kN)	—	62.5(612.9N)	31.25(306.5N)	15.625(153.2N)	7.813(76.61N)	6.25(61.29N)
					120(1.177kN)	—	40(392.3N)	20(196.1N)	10(98.07N)	5(49.03N)	4(39.23N)
					30(294.2N)		10(98.07N)	5(49.03N)	2.5(24.52N)	1.25(12.26N)	1(9.807N)
3.50	1.750	0.8750	0.700	0.350	302	151	101	50.3	25.2	12.6	10.1
3.55	1.775	0.8875	0.710	0.355	293	147	97.7	48.9	24.4	12.2	9.77
3.60	1.800	0.9000	0.720	0.360	285	142	95.0	47.5	23.7	11.9	9.50
3.65	1.825	0.9125	0.730	0.365	277	138	92.3	46.1	23.1	11.5	9.23
3.70	1.850	0.9250	0.740	0.370	269	135	89.7	44.9	22.4	11.2	8.97
3.75	1.875	0.9375	0.750	0.375	262	131	87.2	43.6	21.8	10.9	8.72
3.80	1.900	0.9500	0.760	0.380	255	127	84.9	42.4	21.2	10.6	8.49
3.85	1.925	0.9625	0.770	0.385	248	124	82.6	41.3	20.6	10.3	8.26
3.90	1.950	0.9750	0.780	0.390	241	121	80.4	40.2	20.1	10.0	8.04
3.95	1.975	0.9875	0.790	0.395	235	117	78.3	39.1	19.6	9.79	7.83
4.00	2.000	1.0000	0.800	0.400	229	114	76.3	38.1	19.1	9.53	7.63
4.05	2.025	1.0125	0.810	0.406	223	111	74.3	37.1	18.6	9.29	7.43
4.10	2.050	1.0250	0.820	0.410	217	109	72.4	36.2	18.1	9.05	7.24
4.15	2.075	1.0375	0.830	0.415	212	106	70.6	35.3	17.6	8.82	7.06
4.20	2.100	1.0500	0.840	0.420	207	103	68.8	34.4	17.2	8.61	6.88
4.25	2.125	1.0625	0.850	0.425	201	101	67.1	33.6	16.8	8.39	6.71
4.30	2.150	1.0750	0.860	0.430	197	98.3	65.5	32.8	16.4	8.19	6.56
4.35	2.175	1.0875	0.870	0.435	192	95.9	63.9	32.0	16.0	7.99	6.39
4.40	2.200	1.1000	0.880	0.440	187	93.6	62.4	31.2	15.6	7.80	6.24
4.45	2.225	1.1125	0.890	0.445	183	91.4	60.9	30.5	15.2	7.62	6.09
4.50	2.250	1.1250	0.900	0.450	179	89.3	59.5	29.8	14.9	7.44	5.95
4.55	2.275	1.1375	0.910	0.455	174	87.2	58.1	29.1	14.5	7.27	5.81
4.60	2.300	1.1500	0.920	0.460	170	85.2	56.8	28.4	14.2	7.10	5.68
4.65	2.325	1.1625	0.930	0.465	167	83.3	55.5	27.8	13.9	6.94	5.55

球直径 D /mm					试 验 力 F/kgf（F/D²）						
10	5	2.5	2	1	30	15	10	5	2.5	1.25	1
					3000(29.42kN)	1500(14.71kN)	1000(9.807kN)	500(4.903kN)	250(2.452kN)	125(1.226kN)	100(980.7kN)
					750(7.355kN)	—	250(2.452kN)	125(1.226kN)	62.5(612.9kN)	31.25(306.5N)	25(245.2N)
					187.5(1.839kN)	—	62.5(612.9N)	31.25(306.5N)	15.625(153.2N)	7.813(76.61N)	6.25(61.29N)
					120(1.177kN)	—	40(392.3N)	20(196.1N)	10(98.07N)	5(49.03N)	4(39.23N)
					30(294.2N)		10(98.07N)	5(49.03N)	2.5(24.52N)	1.25(12.26N)	1(9.807N)
压痕直径 d/mm					布氏硬度/HBS 或 HBW						
4.70	2.350	1.1750	0.940	0.470	163	81.4	54.3	27.1	13.6	6.78	5.43
4.75	2.375	1.1875	0.950	0.475	159	79.6	53.0	26.5	13.3	6.63	5.30
4.80	2.400	1.2000	0.960	0.480	156	77.8	51.9	25.9	13.0	6.48	5.19
4.85	2.425	1.2125	0.970	0.485	152	76.1	50.7	25.4	12.7	6.34	5.07
4.90	2.450	1.2250	0.980	0.490	149	74.4	49.6	24.8	12.4	6.20	4.96
4.95	2.475	1.2375	0.990	0.495	146	72.8	48.6	24.3	12.1	6.07	4.86
5.00	2.500	1.2500	1.000	0.500	143	71.3	47.5	23.8	11.9	5.94	4.75
5.05	2.525	1.2625	1.010	0.505	140	69.8	46.5	23.3	11.6	5.81	4.65
5.10	2.550	1.2750	1.020	0.510	137	68.3	45.5	22.8	11.4	5.69	4.55
5.15	2.575	1.2875	1.030	0.515	134	66.9	44.6	22.3	11.1	5.57	4.46
5.20	2.600	1.3000	1.040	0.520	131	65.5	43.7	21.8	10.9	5.46	4.37
5.25	2.625	1.3125	1.050	0.525	128	64.1	42.8	21.4	10.7	5.34	4.28
5.30	2.650	1.3250	1.060	0.530	126	62.8	41.9	20.9	10.5	5.24	4.19
5.35	2.675	1.3375	1.070	0.535	123	61.5	41.0	20.5	10.3	5.13	4.10
5.40	2.700	1.3500	1.080	0.540	121	60.3	40.2	20.1	10.1	5.03	4.02
5.45	2.725	1.3625	1.090	0.545	118	59.1	39.4	19.7	9.85	4.93	3.94
5.50	2.750	1.3750	1.100	0.550	116	57.9	38.6	19.3	9.66	4.83	3.86
5.55	2.775	1.3875	1.110	0.555	114	56.8	37.9	18.9	9.47	4.73	3.79
5.60	2.800	1.4000	1.120	0.560	111	55.7	37.1	18.6	9.28	4.64	3.71
5.65	2.825	1.4125	1.130	0.565	109	54.6	36.4	18.2	9.10	4.55	3.64
5.70	2.850	1.4250	1.140	0.570	107	53.5	35.7	17.8	8.92	4.46	3.57
5.75	2.875	1.4375	1.150	0.575	105	52.5	35.0	17.5	8.75	4.38	3.50
5.80	2.900	1.4500	1.160	0.580	103	51.5	34.3	17.2	8.59	4.29	3.43
5.85	2.925	1.4625	1.170	0.585	101	50.5	33.7	16.8	8.42	4.21	3.37
5.90	2.950	1.4750	1.180	0.590	99.2	49.6	33.1	16.5	8.26	4.13	3.31
5.95	2.975	1.4875	1.190	0.595	97.3	48.7	32.4	16.2	8.11	4.05	3.24
6.00	3.000	1.5000	1.200	0.600	95.5	47.7	31.8	15.9	7.96	3.98	3.18

注：布氏硬度实验力的单位此处仍暂采用公斤力。

附录三 黑色金属硬度及强度换算值（GB 1172—74）

硬 度					抗拉强度/（×10MPa）		
洛 氏		维 氏	布 氏		碳 钢	铬 钢	不分钢种
HRC	HRA	HV	$HB(F=30D^2)$	$d_{10}、2d_5、4d_{2.5}/mm$			
70.0	86.6	1037					
69.0	86.1	997					
68.0	85.5	959					
67.0	85.0	923					
66.0	84.4	889					
65.0	83.9	856					
64.0	83.3	825					
63.0	82.8	795					
62.0	82.2	766					
61.0	81.7	739					
60.0	81.2	713					260.7
59.0	80.6	688					249.6
58.0	80.1	664					239.1
57.0	79.5	642					229.3
56.0	79.0	620					220.1
55.0	78.5	599					211.5
54.0	77.9	579					203.4
53.0	77.4	561					195.7
52.0	76.9	543				188.1	188.5
51.0	76.3	525	501	2.73		180.3	181.7
50.0	75.8	509	488	2.77	174.4	173.1	175.3
49.0	75.3	493	474	2.81	168.6	166.6	169.2
48.0	74.7	478	461	2.85	163.1	160.5	163.5
47.0	74.2	463	449	2.89	158.1	154.9	158.1
46.0	73.7	449	436	2.93	153.3	149.7	152.9
45.0	73.2	436	424	2.97	148.8	144.8	148.0
44.0	72.6	423	413	3.01	144.5	140.3	143.4
43.0	72.1	411	401	3.05	140.5	136.1	138.9
42.0	71.6	399	391	3.09	136.7	132.2	134.7
41.0	71.1	388	380	3.13	133.1	128.4	130.7
40.0	70.5	377	370	3.17	129.6	124.9	126.8
39.0	70.0	367	360	3.21	126.3	121.6	123.2
38.0		357	350	3.26	123.1	118.4	119.7
37.0		347	341	3.30	120.0	115.3	116.3
36.0		338	332	3.34	117.0	112.4	113.1
35.0		329	323	3.39	114.1	109.5	110.0
34.0		320	314	3.43	111.3	106.8	107.0
33.0		312	306	3.48	108.6	104.2	104.2
32.0		304	298	3.52	106.0	101.6	101.5
31.0		296	291	3.56	103.4	99.1	98.9
30.0		289	283	3.61	100.9	96.7	96.4
29.0		281	276	3.65	98.4	94.3	94.0
28.0		274	269	3.70	96.1	92.0	91.7
27.0		268	263	3.74	93.7	89.8	89.5
26.0		261	257	3.78	91.4	87.6	87.4
25.0		255	251	3.83	89.2	85.5	85.4
24.0		249	245	3.87	87.0	83.4	83.5
23.0		243	240	3.91	84.9	81.4	81.6
22.0		237	234	3.95	82.9	79.4	79.9
21.0		231	229	4.00	80.9	77.5	78.2
20.0		226	225	4.03	79.0	75.7	76.7
19.0		221	220	4.07	77.1	73.9	75.2
18.0		216	216	4.11	75.3	72.3	73.7
17.0		211	211	4.15	73.6	70.6	72.4

硬 度				抗 拉 强 度 /(×10MPa)
洛 氏	维 氏	布 氏		
HRB	HV	HB($F=10D^2$)	d_{10}、$2d_5$、$4d_{2.5}$/mm	
100.0	233			80.3
99.0	227			78.3
98.0	222			76.3
97.0	216			74.4
96.0	211			72.6
95.0	206			70.8
94.0	201			69.1
93.0	196			67.5
92.0	191			65.9
91.0	187			64.4
90.0	183			62.9
89.0	178			61.4
88.0	174			60.1
87.0	170			58.7
86.0	166			57.5
85.0	163			56.2
84.0	159			55.0
83.0	156			53.9
82.0	152	138	3.00	52.8
81.0	149	136	3.02	51.8
80.0	146	133	3.06	50.8
79.0	143	130	3.09	49.8
78.0	140	128	3.11	48.9
77.0	138	126	3.14	48.0
76.0	135	124	3.16	47.2
75.0	132	122	3.19	46.4
74.0	130	120	3.21	45.6
73.0	128	118	3.24	44.9
72.0	125	116	3.27	44.2
71.0	123	115	3.29	43.5
70.0	121	113	3.31	42.9
69.0	119	112	3.33	42.3
68.0	117	110	3.35	41.8
67.0	115	109	3.37	41.2
66.0	114	108	3.39	40.7
65.0	112	107	3.40	40.3
64.0	110	106	3.42	39.8
63.0	109	105	3.43	39.4
62.0	108	104	3.45	39.0
61.0	106	103	3.46	38.6
60.0	105	102	3.48	38.3

注：本表换算值适用于低碳钢。

参 考 文 献

1 戈晓岚. 工程材料. 南京:东南大学出版社,2004

2 赵晓军等. 机械工程材料实验及课堂讨论指导书. 北京:机械工业出版社,1994

3 林昭淑. 金属学及热处理实验及课堂讨论指导书. 长沙:湖南科学技术出版社,1992

4 《合金钢》编写组. 合金钢. 北京：机械工业出版社,1978 年

5 崔忠折,刘北兴. 金属学与热处理原理. 哈尔滨：哈尔滨工业大学出版社,1998

6 机械工业理化检验人员技术培训和资格鉴定委员会编. 力学性能试验. 上海：上海科学普及出版社,
   2003

7 江苏大学材料实验中心编. 金属力学性能实验. 江苏大学讲义,2002 年

8 常铁军等. 材料近代分析测试方法. 哈尔滨：哈尔滨工业大学出版社,1999

9 邱平善等. 材料近代分析测试方法实验指导. 哈尔滨：哈尔滨工程大学出版社,2001

10 许书明等. 数码相机使用与影像处理快速攻略. 北京：清华大学出版社,2002

11 邵红红等. 热处理工. 北京：化学工业出版社2004

12 吴晶. 金属学及热处理实验指导书. 江苏大学讲义（修订本）. 2000

13 吴晶. 金属材料学实验指导书. 江苏大学讲义（修订本）. 2001

14 吴晶. 铸造合金的组织分析. 江苏大学讲义（修订本）. 2002

内 容 提 要

　　本书是机械工程材料课程的配套实验教材，它由三部分组成：第一部分为工程材料实验基础知识，主要内容是介绍工程材料实验所用仪器设备的操作使用和试样的制备过程。第二部分为工程材料基本实验，主要内容是工程材料的处理、加工原理和工艺过程及成分、组织、性能的对应关系，有大量的常用金属材料的金相（光学和电子）组织照片；第三部分为工程材料综合性、设计性实验。在附录里有《常用金相侵蚀剂》和各种硬度数值表。